国家出版基金项目
NATIONAL PUBLICATION FOUNDATION

[青少年太空探索科普丛书·第2辑]

SCIENCE SERIES IN SPACE EXPLORATION FOR TEENAGERS

太空探索再出发 引领读者畅游浩瀚宇宙

冥王星的故事

焦维新○著

辽宁人民出版社 | 辽宁电子出版社

ⓒ 焦维新　2021

图书在版编目（CIP）数据

冥王星的故事 / 焦维新著 . — 沈阳：辽宁人民出
版社，2021.6（2022.1 重印）
（青少年太空探索科普丛书 . 第 2 辑）
ISBN 978-7-205-10193-0

Ⅰ . ①冥… Ⅱ . ①焦… Ⅲ . ①冥王星—青少年读物
Ⅳ . ① P185.6-49

中国版本图书馆 CIP 数据核字（2021）第 091826 号

出　　版：辽宁人民出版社　辽宁电子出版社
发　　行：辽宁人民出版社
　　　　　地址：沈阳市和平区十一纬路 25 号　邮编：110003
　　　　　电话：024-23284321（邮 购）　024-23284324（发行部）
　　　　　传真：024-23284191（发行部）　024-23284304（办公室）
　　　　　http://www.lnpph.com.cn
印　　刷：北京长宁印刷有限公司天津分公司
幅面尺寸：185mm×260mm
印　　张：8.75
字　　数：143 千字
出版时间：2021 年 6 月第 1 版
印刷时间：2022 年 1 月第 2 次印刷
责任编辑：贾　勇　蔡　伟
装帧设计：丁末末
责任校对：郑　佳
书　　号：ISBN 978-7-205-10193-0

定　　价：59.80 元

前言
PREFACE
——

2015 年，知识产权出版社出版了我所著的《青少年太空探索科普丛书》（第 1 辑），这套书受到了读者的好评。为满足读者的需要，出版社多次加印。其中《月球文化与月球探测》荣获科技部全国优秀科普作品奖;《揭开金星神秘的面纱》荣获第四届"中国科普作家协会优秀科普作品银奖";《北斗卫星导航系统》入选中共中央宣传部主办、中国国家博物馆承办的"书影中的 70 年——新中国图书版本展"。从出版发行量和获奖的情况看，这套丛书是得到社会认可的，这也激励我进一步充实内容，描述更广阔的太空。因此，不久就开始酝酿写作第 2 辑。

在创作《青少年太空探索科普丛书》（第 2 辑）时，我遵循这三个原则:原创性、科学性与可读性。

当前，社会上呈现的科普书数量不断增加，作为一名学者，怎样在所著的科普书中显示出自己的特点？我觉得最重要的一条是要突出原创性，写出来的书无论是选材、形式和语言，都要有自己的风格。如在《话说小行星》中，将多种图片加工组合，使读者对小行星的类型和特点有清晰的认识;在《水星奥秘 100 问》中，对大多数图片进行了艺术加工，使乏味的陨石坑等地貌特征变得生动有趣;在关于战争题材的书中，则从大量信息中梳理出一条条线索，使读者清晰地了解太空战和信息战是由哪些方面构成的，美国在太空战和信息战方面做了哪些准备，这样就使读者对这两种形式战争的来龙去脉有了清楚的了解。

教书育人是教师的根本任务，科学性和严谨性是对教师的基本要求。如果拿不严谨的知识去教育学生，那是误人子弟。学校教育是这样，搞科普宣传也是这样。因此，对于所有的知识点，我都以学术期刊和官方网站为依据。

图书的可读性涉及该书阅读和欣赏的价值以及内容吸引人的程度。可读性高的科普书，应具备内容丰富、语言生动、图文并茂、引人入胜等特点；虽没有小说动人的情节，但有使人渴望了解的知识；虽没有章回小说的悬念，但有吸引读者深入了解后续知识的感染力。要达到上述要求，就需要在选材上下功夫，在语言上下功夫，在图文匹配上下功夫。具体来说做了以下努力。

1. 书中含有大量高清晰度图片，许多图片经过自己用专业绘图软件进行处理，艺术质量高，增强了丛书的感染力和可读性。

2. 为了增加趣味性，在一些书的图片下加了作者创作的科普诗，可加深读者对图片内涵的理解。

3. 在文字方面，每册书有自己的风格，如《话说小行星》和《水星奥秘100问》的标题采用七言诗的形式，读者一看目录便有一种新鲜感。

4. 科学与艺术相结合。水星上的一些特征结构以各国的艺术家命名。在介绍这些特殊结构时也简单地介绍了该艺术家，并在相应的图片旁附上艺术家的照片或代表作。

5. 为了增加趣味性，在《冥王星的故事》一书中，设置专门章节，数字化冥王星，如十大发现、十件酷事、十佳图片、四十个趣事。

6. 人类探索太空的路从来都不是一帆风顺的，有成就，也有挫折。本丛书既谈成就，也正视失误，告诉读者成就来之不易，在看到今天的成就时，不要忘记为此付出牺牲的人们。如在《星际航行》的运载火箭部分，专门加入了"运载火箭爆炸事故"一节。

十本书的文字都是经过我的夫人刘月兰副研究馆员仔细推敲的，这个工作量相当大，夫人可以说是本书的共同作者。

在全套书内容的选择上，主要考虑的是在第1辑中没有包括的一些太阳系天体，而这些天体有些是人类的航天器刚刚探测过的，有许多新发现，如冥王星和水星。有些是我国正计划要开展探测的，如小行星和彗星。还有一些是太阳系富含水的天体，这是许多人不甚了解的。第二方面的考虑是航天技术商业化的一个重要方向——太空旅游。随着人们生活水平的提高，旅游已经成为日常生活必不可少的活动。神奇的太空能否成为旅游目的地，这是人们比较关心

的问题。由于太空游费用昂贵，目前只有少数人能够圆梦，但通过阅读本书，人们可以学到许多太空知识，了解太空旅游的发展方向。另外，太空旅游的方式也比较多，费用相差也比较大，人们可以根据自己的经济实力，选择适合自己的方式。第三方面，在国内外科幻电影的影响下，许多人开始关注星际航行的问题。不载人的行星际航行早已实现，人类的探测器什么时候能进行超光速飞行，进入恒星际空间，这个话题也开始引起人们的关注。《星际航行》就是满足这些读者的需要而撰写的。第四方面是直接与现代战争有关的题材，如太空战、信息战、现代战争与空间天气。现代战争是人们比较关心的话题，但目前在我国的图书市场上，译著和专著较多，很少看到图文并茂的科普书。这三本书则是为了满足军迷们的需要，阅读了美国军方的大量文件后书写完成。

《青少年太空探索科普丛书》（第 2 辑）的内容广泛，涉及多个学科。限于作者的学识，书中难免出现不当之处，希望读者提出批评指正。

本套图书获得国家出版基金资助。在立项申请时，中国空间科学学会理事长吴季研究员、北京大学地球与空间科学学院空间物理与应用技术研究所所长宗秋刚教授为此书写了推荐信。再次向两位专家表示衷心的感谢。

焦维新

2020 年 10 月

目录
CONTENTS

■ 前　言　　001

■ 第 1 章　　002　发现冥王不容易
冥王星的那些事　006　取名者是小伯尼
　　　　　　　　010　轨道特殊不一般
　　　　　　　　011　大小终于揭谜底
　　　　　　　　014　表面命名有规定
　　　　　　　　017　各具特色五卫星

■ 第 2 章　　022　十大发现令人赞
数字冥王星　　026　十件酷事广为传
　　　　　　　　033　十佳图片格外酷
　　　　　　　　040　四十个趣事是笑谈

■ 第 3 章　　049　突出特征是"心脏"
表面 12 个特征　052　氮冰到处把身藏
　　　　　　　　055　众多山脉冰积成
　　　　　　　　057　平原周围布满坑
　　　　　　　　059　可能存在冰火山
　　　　　　　　061　连成一片大黑斑
　　　　　　　　063　槽沟纵横随处见
　　　　　　　　065　山脊密集长又宽
　　　　　　　　067　刃状地形呈奇观
　　　　　　　　068　神秘洞穴不一般
　　　　　　　　070　为何形成多边形?
　　　　　　　　072　地质结构清晰见

■ 第 4 章

奇特的大气层

076　　三种成分构成

078　　薄雾具有多层

080　　压强变化显著

083　　逃逸经常发生

■ 第 5 章

冥王星居住的"小区"

086　　"小区"位于"阴间"

089　　邻居都是"神仙"

091　　鸟神星八个事实

094　　妊神星巨大红斑

097　　"阋神"挑战"阎王"

099　　创神受到碰撞

100　　彗星从此出发

102　　类冥天体一家

■ 第 6 章

冥王星探测

106　　早期的任务建议

109　　新视野完成使命

113　　未来的任务概念

■ 第 7 章

"老九"该不该走?

120　　矮行星的概念有意义吗?

122　　新结果说明了什么?

123　　对行星定义的质疑

125　　投票方式合法吗?

127　　伟大的行星辩论

129　　争论还在继续

第 1 章

冥王星的那些事

冥王星，一颗听起来充满神秘与幽暗的星球。它是如何被发现的呢？又是谁给它取的名呢？它的身边有哪些"小伙伴"呢？
这一章，我们一起来揭开冥王星神秘的面纱。

 # 发现冥王不容易

怎样去寻找或发现太空中的新天体呢？一般人肯定会想到，使用好的望远镜就行了。但事情并不是那么简单。太空那么广阔，在哪个方向上寻找？宇宙有无数的恒星，在遥远的背景中有密密麻麻的亮点，怎样把新天体从这复杂的背景中区分出来？发现新天体是一件非常复杂的工作，望远镜的性能有限，靠简单的望远镜去发现一颗新的行星是很困难的。

▲ 天王星

另外，天体的轨道也是互相影响的，这既给寻找新天体带来了麻烦，也给人们带来了机遇，因为人们可以根据已知天体轨道受影响的结果，判断其附近可能存在未知天体，太阳系几颗巨型行星的发现都是利用上述方法。

在向大家介绍发现冥王星的故事之前，先介绍海王星是怎样被发现的。

两百多年以前，人们一直认为太阳系里只有水星、金星、地球、火星、木星和土星6颗行星。直到1781年3月13日，一位天文爱好者才从天文望远镜里找到了一个太阳系的新成员，那就是天王星。

这位天文爱好者就是音乐家威廉·赫歇尔。有一次，他在自制的天文望远镜里发现了一个小圆点，起初他以

▲ 威廉·赫歇尔

为这是一颗彗星，后来计算了它的运行轨道，才确定它是太阳系的一颗新行星。

天王星是一颗很大的行星，它的直径是地球的 4.06 倍，质量为地球的 14.63 倍。这颗行星虽然很大，但我们却很难用肉眼看到它，因为它离我们太远了，它到太阳的距离是地球到太阳距离的 19.2 倍，即 287000 万千米。

自从发现了天王星，天文学家就着手研究这个新行星的轨道，但观测了一段时期以后却发现天王星是一个"性格很别扭"的行星。因为别的大行星都循着科学家推算出来的轨道绕太阳运行，只有天王星有点不安分，它在绕太阳运行的时候，老是偏离它应走的路线。这是怎么一回事呢？为什么别的行星都有准确的运行轨道，而天王星却不这样"走"呢？天文学家根据太阳和行星、行星和行星间相互引力的关系，很快就破解了这个谜题。他们想：在天王星外面，一定有一颗别的行星，这颗行星的引力在"扰乱"天王星的运行轨道。可是，这个未知的行星到哪里去找呢？我们用肉眼当然看不到它，即使用天文望远镜，一时也找不到它啊！

于是数学家来帮天文学家的忙了。他们根据天王星在天空的运行路线，终于推算出这个未知的行星的轨道。1846 年 9 月 23 日，德国天文学家伽勒用望远镜看到了法国天文学家勒威耶和英国天文学家亚当斯同时独立地用天体力学理论算出的一个当时尚未发现的新行星，那就是海王星。

海王星距太阳平均 449800 万千米，等于地球到太阳平均距离的 30.09 倍。它比天王星略小，直径是地球的 3.88 倍，质量为地球的 17.22 倍。

海王星发现以后，天文学家以为在太阳系寻找新行星的工作可以告一段落了。可是，后来发现海王星也和天王星一样，它的运行轨道也有些不规则。因此天文学家很自然地又想：在海王星的外面，一定还有一颗行星存在着。

▲ 海王星

但是，这颗行星离我们实在太远了。天文学家虽然算定了它在天空中的位置，然而天文望远镜还是找不到它的踪迹。这颗"调皮"的行星，躲在无数的星星中间，叫人怎么也找不出来。

寻找这颗未知天体实际上经历了漫长的过程，这还得从美国天文学家罗威尔（Lowell）寻找 X 行星谈起。1894 年，美国亚利桑那州的天文学家帕西瓦尔·罗威尔建造了以其名字命名的罗威尔天文台。他对一颗"海外行星"的运动着了迷，因为这颗天体影响了海王星的轨道。人们当时把这颗天体称为"X 行星"。罗威尔计算出了那颗行星的所在位置，仔细地搜寻天空，然而在他有生之年却未能找到这颗行星。在寻找冥王星的工作中，罗威尔付出了十几年的心血，直到 1916 年 11 月 16 日，他突然去世。

罗威尔去世后，罗威尔天文台台长邀请美国天文学家克莱德·汤博加入未知行星的搜索行列。他们一个一个天区地搜索，拍摄了大量底片，并对每张底片进行细心的检查，工作艰苦、乏味。

多次对冥王星的搜索未能成功，是因为它比人们预计的要暗弱得多。1919

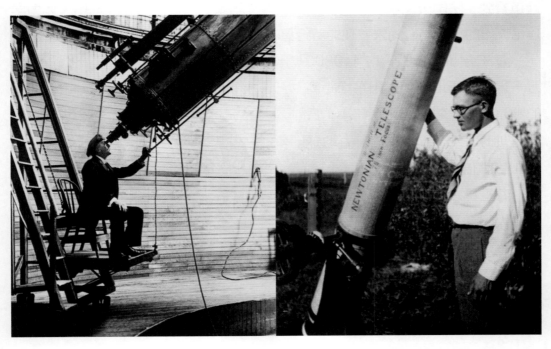

▲ 对发现冥王星做出重要贡献的罗威尔（左）和汤博（右）

▲ 哈勃空间望远镜拍摄的冥王星

小贴士

由于冥王星距离地球遥远，所以，即使用哈勃空间望远镜也只能得到模糊的图像。上图是哈勃空间望远镜实际拍摄到的冥王星。

年，天文学家休姆孙曾以摄影方法记录到冥王星，但其中一张照片中的冥王星像在污点上，在另一张照片中冥王星则靠在明亮的恒星附近，结果没有被发现。

一个口径 32.5 厘米的大视场照相望远镜于 1929 年问世，并用于寻找未知的行星。1930 年 1 月 18 日与 23 日，汤博在双子座拍摄了两张照片。他在这两张照片上发现了一个移动的小点，从而发现冥王星。他在同年 2 月 18 日公开了这项发现。

▼ 1990 年 4 月 25 日，
哈勃空间望远镜到达预定轨道

取名者是小伯尼

发现第九大行星的消息在全世界产生轰动。罗威尔天文台拥有对此天体的命名权，并从全世界收到超过一千条建议。

1930 年 3 月 14 日，福尔克纳·马登读到《泰晤士报》上的一则消息，得知克莱德·汤博发现了一颗新的"行星"尚未命名，便把这个新闻告诉了自己

▲ 遥远黑暗的冥王星

的孙女威妮夏·伯尼（Venetia Burney）。这个女孩自幼热衷罗马和希腊神话，于是提议用罗马神话中的冥界之神的名字普鲁托（Pluto）为新行星命名。普鲁托有隐身的能力，恰好适合新行星的遥远黑暗。福尔克纳·马登将这个提议告诉了自己的朋友，天文学家赫伯特·霍尔·特纳，特纳又把这个提议转告给美国罗威尔天文台的同事。罗威尔天文台的天文学家得知这一提议之后非常满意，新行星的发现人克莱德·汤博尤其喜欢这个名字。他认为"Pluto"的前两个字母"PL"恰好是天文学家帕西瓦尔·罗威尔（Percival Lowell）名字的缩写，而正是罗威尔首先预测在海王星之外还存在一颗"X 行星"。当时，汤博认为新发现的天体就是这颗"X 行星"。

该天体于 1930 年 3 月 24 日正式命名。所有罗威尔天文台成员允许在三个候选命名方案中投票选择一个：弥涅耳瓦、克洛诺斯和普鲁托。普鲁托以全票通过，该命名于 1930 年 5 月 1 日公布。马登在得知此消息后奖励其孙女5 英镑（相当于 2018 年的 285 英镑或 430 美元）。

想一想

冥王星叫普鲁托，还有哪些朋友也叫这个名字呢？

▲ 冥界之神普鲁托

这个名字迅速被大众所接受。1930 年华特·迪士尼似乎受普鲁托启发设计了米老鼠的宠物普鲁托。在迪士尼经典动画角色中，普鲁托是一只黄橙色的狗，中等大小，短毛，黑耳朵。与大多数迪士尼人物不同，普鲁托除了面部表情等一些特征之外，并不是拟人化的，它是米老鼠的宠物。作为一只混血狗，它首次亮相是在米老鼠卡通人物"连锁帮"中扮演警犬。普鲁托与米琪、米妮、唐老鸭、黛西和高飞一起，是迪士尼宇宙中"轰动全球"的六位明星之一。

不同语言以普鲁托的不同变体称呼该天体。在普鲁托这个名字公布的同一年，日本天文学者提议在日语中以"冥王星"称呼普鲁托。后来的汉语、韩语、越语都是借此名来称呼普鲁托。部分印度语言使用普鲁托称呼冥王星，但是其他印度语言使用印度教中的阎摩或佛教的阎罗王称呼冥王星。波利尼西亚语言也倾向于使用本土文化中地狱之神称呼冥王星。

威妮夏·伯尼出生于 1918 年 7 月 11 日，父亲查尔斯·福克斯·伯尼是一名牧师，也是牛津大学奥里尔学院圣经阐释教授；母亲是埃塞尔·沃兹沃斯·马登。伯尼的父亲在她 6 岁时逝世，从此她便跟着自己的外祖父母生活。她的外祖父福尔克纳·马登曾是牛津大学博德利图书馆的馆员，而外祖父的兄长亨利·乔治·马登则是伊顿公学毕业的理学硕士，曾在 1878 年将火星的两颗卫星命名为福波斯和戴摩斯。

之后，伯尼到了伯克郡的唐恩庄园学校上学，随后又进入了剑桥大学纽纳姆学院学习数学。毕业之后，她成为一名注册会计师。后来又到伦敦的女子学

▲ 威妮夏·伯尼（左：11 岁，右：89 岁）

校成为一名教师，教授经济学和数学。2009 年 4 月 30 日，威妮夏·伯尼在英格兰萨里郡的班斯特德逝世，时年 90 岁。

美国国家航空航天局曾邀请她到现场观看冥王星探测器"新视野号"的发射，但她因年龄原因未能到场。之后她在采访中表示这次探测任务"不可思议"，希望"一切顺利"。在 2006 年冥王星降级为矮行星之前的几个月，天文学家们激烈辩论时，时年 88 岁的威妮夏·伯尼接受了一个采访，谈道"在我这个年龄，我（对这场辩论）已经不关心了，尽管我觉得我更希望它还是一颗行星"。

1987 年发现的小行星 6235 以威妮夏·伯尼的名字命名为"伯尼"（6235 Burney）。冥王星探测器"新视野号"上搭载的"VBSDC 宇宙尘分析仪"也是以威妮夏·伯尼的名字命名的。美国马萨诸塞州的摇滚乐队"The Venetia Fair"在 2006 年成立时受到威妮夏·伯尼和冥王星降级的启发，因此取名"威妮夏·费尔"，与威妮夏·伯尼谐音的名字。

▼ "新视野号"艺术图

▲ 2005 年 12 月 15 日，技术人员在航天器整流罩上安装新视野任务贴花

 # 轨道特殊不一般

冥王星轨道的半主轴为 39.48AU，近日点为 29.66AU，远日点为 49.31AU，平均轨道速度是 4.74 千米 / 秒，公转周期是 248 年。

冥王星的轨道十分反常，它的近日点在海王星轨道的里面。冥王星在围绕太阳运行时日心距离的变化使得其表面日照率变化 3 倍，这对冥王星的大气层有很大影响。冥王星的自转方向也与大多数其他行星的方向相反。

在 20 世纪 60 年代中期，通过计算机模拟发现，冥王星与海王星的共同运动比为 3 : 2，即冥王星的公转周期刚好是海王星的 1.5 倍。它的轨道交角也远大于其他行星。因此，尽管冥王星的轨道好像要穿越海王星的轨道，实际上并没有，它们永远也不会碰撞。

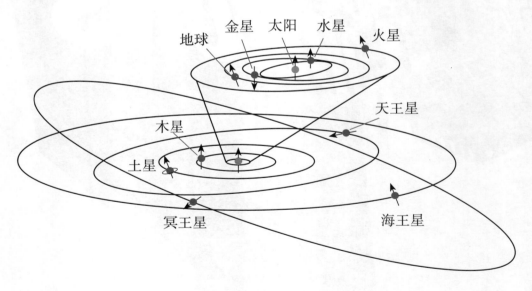

▲ 冥王星轨道

 # 大小终于揭谜底

冥王星到底有多大，这是人们一直关注的问题，特别是在国际天文学联合会将冥王星纳入矮行星之列后，这个问题更加引人关注。在将冥王星"降级"后，许多人就有这个疑问，冥王星真的比阋（xì）神星小吗？

在 2006 年 8 月召开的第 26 届国际天文学大会上，冥王星的直径确定为 2306 千米，阋神星的直径为（2326±12）千米，阋神星略大于冥王星，这也是将冥王星降级的一个根据。

冥王星大小的测量存在不确定性，主要是大气层的存在使测定冥王星固体表面尺寸变得复杂。各个时期对冥王星大小的测量有不同的结果。

年份	半径（直径）	备注
1993	1195（2390）千米	米利斯等（假定无霾）
1993	1180（2360）千米	米利斯等（行星表面有霾）
1994	1164（2328）千米	杨与宾泽
2006	1153（2306）千米	布伊等
2007	1161（2322）千米	杨、杨与布伊
2011	1180（2360）千米	泽鲁察等
2014	1184（2368）千米	勒卢什等
2015	1186（2372）千米	"新视野号"探测器测量（根据光学数据）
2017	1188.3（2376.6）千米	"新视野号"探测器测量（根据无线电掩星数据）

▲ 冥王星尺寸估计值

▲冥王星与阋神星

▲ 冥王星与地球和月球比较

▲冥王星与太阳系最大的卫星比较
上左起：木卫三、土卫六、木卫四　下左起：木卫一、月球、木卫二、海卫一、冥王星

冥王星是太阳系内已知体积最大、质量第二大的矮行星。在直接围绕太阳运行的天体中，冥王星体积排名第九，质量排名第十。冥王星是体积最大的海王星外天体，其质量仅次于位于离散盘中的阋神星。与其他开伯带天体一样，冥王星主要由岩石和冰组成。阳光需要5.5小时才能到达冥王星。

★ 小贴士

冥王星比所有类地行星都小。冥王星也比七个自然卫星要小（木卫三、土卫六、木卫四、木卫一、月球、木卫二、海卫一）。

表面命名有规定

由于冥王星身处严寒地带，本身的名字又是阴曹地府的"皇帝"，所以在为其表面结构命名时，国际天文学联合会作出了有趣的规定，即命名必须来自下列几种主题：

1 | 世界各地神话的阴间地名；
2 | 与阴间有关的神祇或矮人；
3 | 曾进入阴间的英雄或探险者；
4 | 曾写过冥王星或开伯带的作家；
5 | 与冥王星或开伯带有关的科学家或工程师。

▲ 郑和画像

▲ 艺术作品中的孙悟空形象

▲ 艺术作品中的玉兔形象

"新视野号"团队在 2015 年进行了多个命名，类型包括区域、陆地、平原和"斑"；山地和丘陵；山谷和低地；陨石坑及线和峭壁等。其中 14 个在 2017 年得到国际天文学联合会的认可。

在山地和丘陵部分，"新视野号"团队命名了 12 个结构，都是以探险家和太空探索的航天器命名的，其中有中国的"郑和山"。山谷和低地是使用神话命名的，在 9 个名字中有中国的"孙悟空槽沟"。线和峭壁部分用探险家和月球探测器命名，5 个名称中有中国的"玉兔线"。

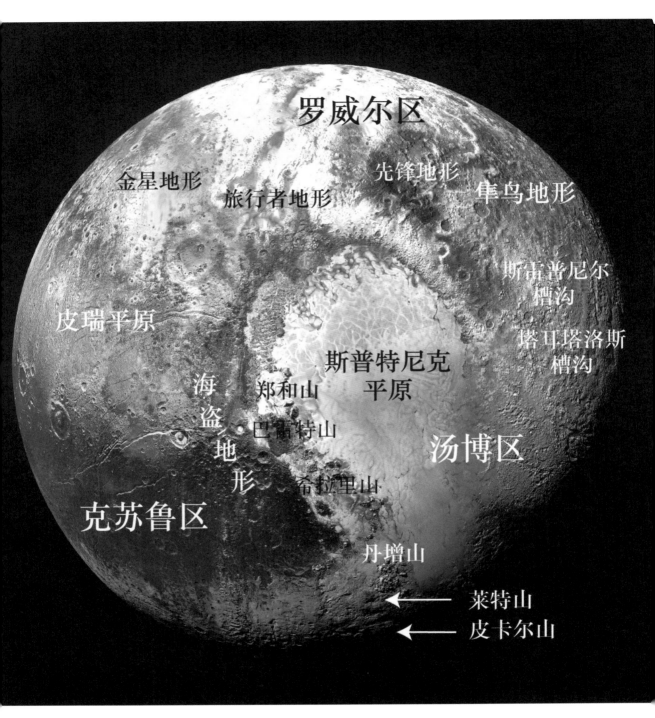

罗威尔区

金星地形　　　　　　　　先锋地形

旅行者地形　　　　　　　　　隼鸟地形

斯雷普尼尔
槽沟

皮瑞平原

塔耳塔洛斯
槽沟

斯普特尼克
平原

海盗地形　郑和山

巴雷特山

汤博区

克苏鲁区　　　希拉里山

丹增山

←　莱特山
←　皮卡尔山

▲ 冥王星全球

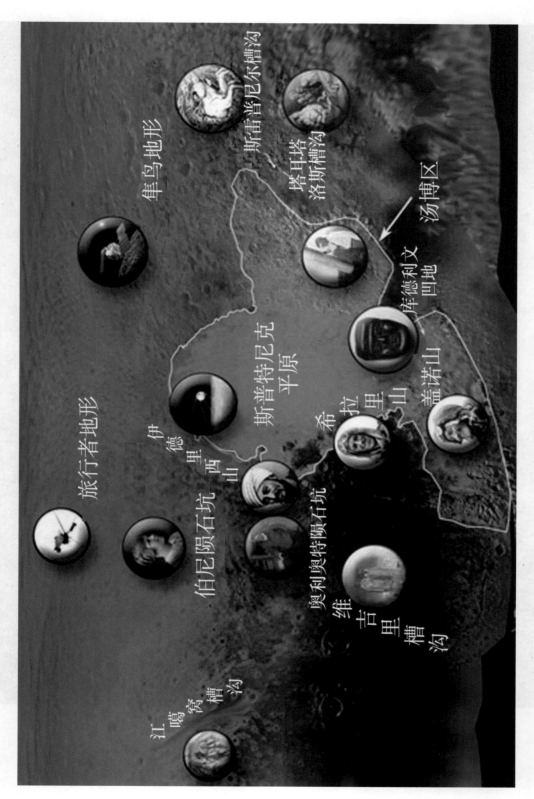

斯雷普尼尔槽沟
塔耳塔洛斯槽沟
隼鸟地形
汤博区
海德利文凹地
斯普特尼克平原
盖诺山
希拉里山
旅行者地形
伊德里西山
伯尼陨石坑
奥利奥特陨石坑
维吉里槽沟
江嗝窝槽沟

▲官方命名的冥王星表面结构

各具特色五卫星

　　冥王星目前已知的卫星总共有五颗：冥卫一（卡戎，Charon）、冥卫二（尼克斯）、冥卫三（许德拉）、冥卫四（科伯罗司）、冥卫五（斯提克斯）。冥王星与冥卫一的共同质心不在任何一个天体内部，因此有时被视为双星系统。国际天文学联合会并没有正式定义矮行星双星，因此冥卫一仍被定义为冥王星的卫星。

　　冥卫一是最早发现的冥王星卫星，离冥王星 19640 千米，直径为 1172 千米。冥卫一是在 1978 年被发现的，在此之前由于冥卫一与冥王星被模糊地看成一体，所以冥王星被以为的大小比实际大许多。冥卫一很不寻常是因为在太阳系中相对于各自主星来比较，它是最大的一颗卫星。一些人认为冥王星与冥卫一系统是一个双星系统而不是行星与卫星的系统。冥王星与冥卫一是独一无二的，因为它们自转是同步的。

　　在希腊神话中卡戎是死者的摆渡人，与冥王黑帝斯（在罗马神话中称作普鲁

▲ 冥王星的卫星及大小

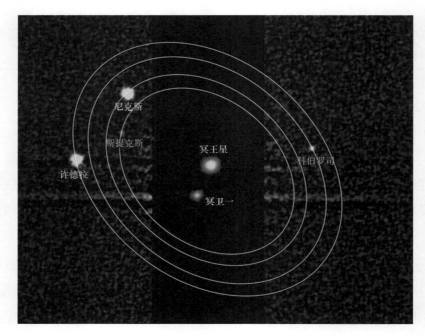

▲ 冥王星卫星的轨道

▲ 冥卫一

托）在神话中是紧密联系在一起的神祇。

冥卫一的直径约为 1212 千米，约是冥王星的一半，表面布满了冰冻的氮和甲烷。与冥王星不同的是，冥卫一的表面看起来可能是被冻结的不易挥发的水。冥卫一表面温度约为 −230℃，密度为 1.63 克／厘米^3，显示组成成分中，岩石占了一半多，冰则比一半少一点。

2018 年 4 月，国际天文学联合会公布了一批关于冥卫一表面特征的名称。命名的原则是：地区的命名使用虚构作品中的地名，山丘的命名使用作家或导演的名字，峡谷的命名使用虚构作品中的船舰，陨石坑的命名用虚构作品中的探险家名字。

▲ 冥卫一北极附近的摩多斑

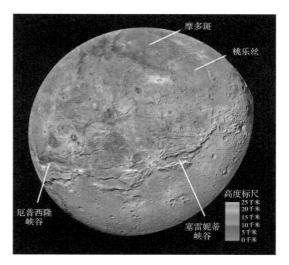

▲ 冥卫一地形

▼ 冥卫一表面一些特征的官方名称

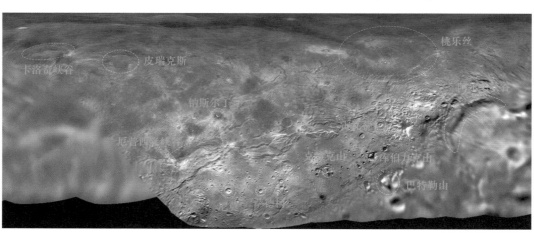

第 2 章

数字冥王星

冥王星是什么颜色的？冥王星存在大气层吗？冥王星身上居然有冰柱？这一章，让我们来看看冥王星身上的"十大发现""十件酷事""十佳图片"和"四十个趣事"吧。

 # 十大发现令人赞

美国国家航空航天局的"新视野号"探测器以极高的速度飞向冥王星，按照这个速度飞行，从纽约到洛杉矶大约 4 分钟。"新视野号"探测器携带了摄像机、光谱仪和其他传感器，对冥王星及其卫星进行了拍照，人类从未见过这样近距离拍摄的数以百计的照片和其他数据，它将永远改变我们对太阳系外围的看法。

"新视野号"探测器获得的十大发现是：

1 ｜ 冥王星及其卫星的复杂性远远超出了我们的预料。

2 ｜ 冥王星表面的当前活动程度和冥王星的一些年轻的表面令人震惊。

3 ｜ 冥王星的大气温度和大气逃逸速率颠覆了所有以前的模型。

4 ｜ 冥卫一巨大的赤道延伸构造带暗示着在遥远的过去，冥卫一内部曾经的水冰海洋被冻结。"新视野号"探测器发现的其他证据表明，冥王星很可能有一个内部的水冰海洋。

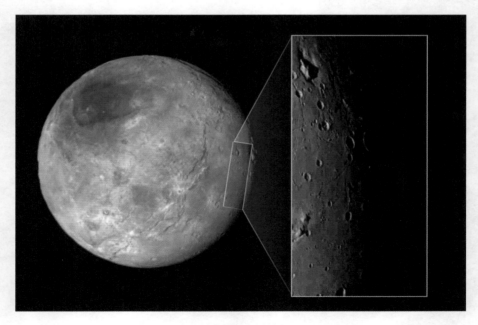

▲ 冥卫一表面特征

5 | 冥王星的所有卫星都被表面的陨石坑所覆盖，这些卫星的年龄都是相同的，这一理论支持了它们是在冥王星和开伯带的另一颗行星之间的一次碰撞中形成的理论。

▲ 冥卫一表面的陨石坑

6 | 冥卫一暗淡、红色的极冠在太阳系中是前所未有的，可能是大气气体从冥王星逃逸出来，然后在冥卫一表面上吸积的结果。

▲冥卫一的红色极冠

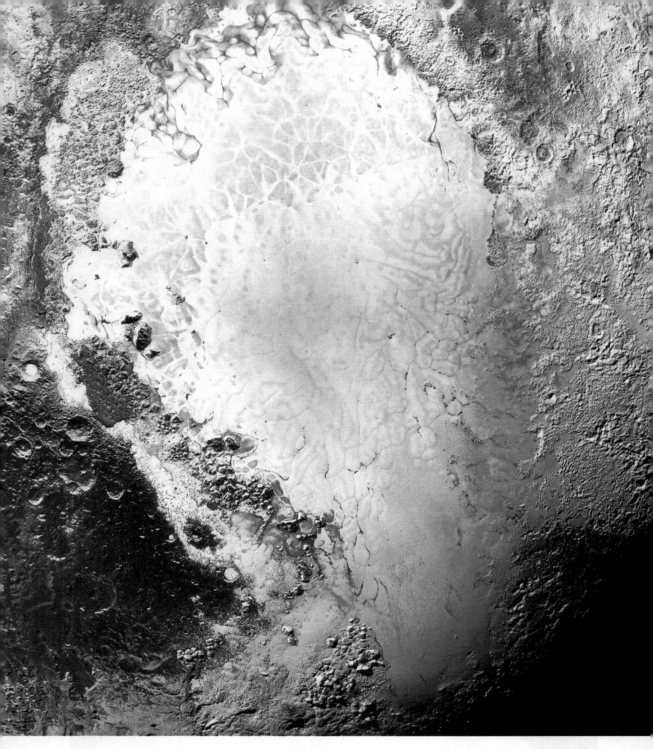

▲ 斯普特尼克平原

7 ｜ "新视野号"探测器发现的冥王星巨大的 1000 多千米宽的心形氮冰川（被称为"斯普特尼克平原"）是太阳系中已知的最大冰川。

8 冥王星上显示了大气压力巨大变化的证据，而且可能是因为过去在其表面上存在着流动或固定的液体挥发物，这在地球上的某些地方、火星和土卫六上都是如此。

9 除了在"新视野号"探测器之前发现的卫星之外，没有发现其他冥王星卫星，这是意料之外的。

10 冥王星的大气层是蓝色的。

▲ 冥王星大气层

 # 十件酷事广为传

1 │ 冥卫一的峡谷大得难以置信

横跨冥卫一表面的巨大鸿沟有 1600 千米长，在一些地方有 3 千米深，它的长度是亚利桑那州大峡谷的 4 倍，深度大约是亚利桑那州大峡谷的 2 倍。"新视野号"探测器无法拍摄冥卫一的另一面，但这个鸿沟可能延伸到环绕整个星球。

2 │ 水冰区域

下面这幅图中的蓝色亮点显示了冥王星的几个区域，在那里，暴露的水冰在"新视野号"

▲ 冥卫一的大峡谷

探测器中是可见的。科学家们还不知道为什么冥王星表面的红颜色区域会与这些水最多的区域对应。

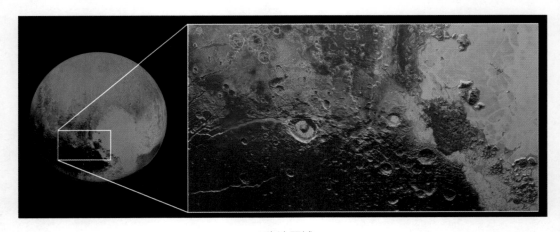

▲水冰区域

▲ 冰柱

3 | 由于气候变化，冥王星有巨大的冰柱

冥王星的表面部分覆盖着锯齿状的甲烷冰柱，它们达到了摩天大楼的高度。它们是如何形成如此壮观的景象的？甲烷直接从矮行星的大气层中冻结，从气体变成固体，其结果是形成戏剧性的尖峰。但它们消失得也很快。

4 | 令人难以置信的是，冥王星仍在进化

过去的观点认为，冥王星是一个古老的、死亡的、围绕着太阳转动的非行星，但"新视野号"探测器的最大发现与此相反，它仍在积极进化，实际上它包含了高达 11000 英尺的山脉，而山脉的"年龄"是 1 亿年，还有巨大无陨石坑的平原、冰冷的平坦区域。科学家推测，这是由于在矮行星深处的放射性衰变造成的。

5 | 可能有风

下页图中的地形可能是"沙丘"的黑暗区域，这可能表明冥王星曾经有风，这让科学家们感到困惑，因为冥王星没有太多的大气层。科学家们说，这意味着冥王星可能曾经有更厚的大气层，或者其他一些正在发生的过程，但他们还没有发现。

6 | 神秘的暗斑

冥王星上出现的总是面对冥卫一的那一边的四个黑点（从底到右）仍然是个谜，但是"新视野号"探测器捕捉到了我们几十年来看到的最好的图像。研

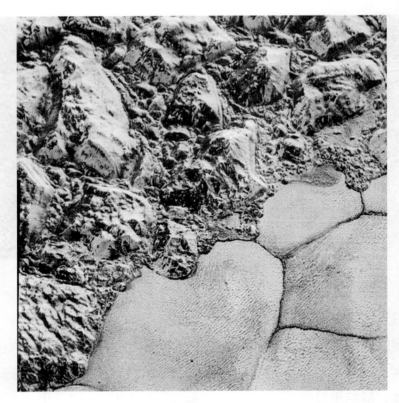

▲ 变化中的冥王星

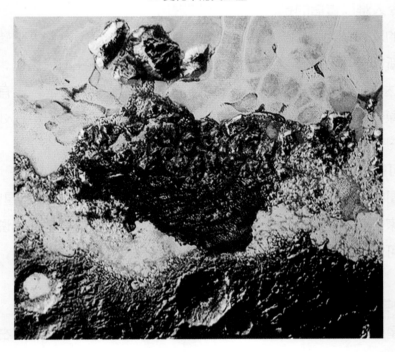

▲冥王星上的"沙丘"

究人员估计它们的规模与密苏里州差不多，而且它们也很有趣，因为它们的大小和间距都差不多。科学家希望能够准确地确定这些黑点是什么。据估计，大片的黑暗区域直径约为 300 英里（480 千米）。与早期的图像相比，我们现在看到的黑暗区域比最初出现的要复杂得多，而黑暗和明亮的地形之间的界限是不规则的，但很清晰。

▲ 冥王星底部的四个暗斑

7 ｜ 疯狂的小卫星

即使是冥王星的小卫星也给科学家们带来了巨大的惊喜。"新视野号"探测器能够观察到这四颗卫星（尼克斯、许德拉、斯提克斯、科伯罗司）像疯狂的陀螺一样旋转。冥卫三（许德拉）旋转速度最快，在冥王星周围绕一圈要自转 89 圈。研究人员将这一卫星的疯狂归咎于大卫星冥卫一。

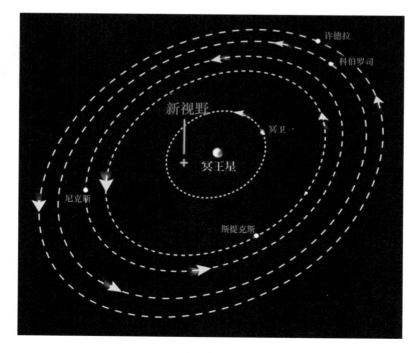

▲ 疯狂的小卫星

▲ 莱特山

8 | 太阳系最大的冰火山之一

"莱特山"以莱特兄弟的名字命名，是冥王星表面的一个巨大的冰结构。它的直径为 150 千米，高 4 千米，似乎有火山特征，包括一个类似火山坑的中央凹陷。

9 | 平滑的冰场

"斯普特尼克平原"被"新视野号"探测器拍摄下来，最初让科学家们困惑不已。他们现在认为这种独特的地质特征可能是巨大的小行星撞击的结果。"新视野号"任务的首席研究员艾伦·斯特恩说："我们相信斯普特尼克是一个巨大

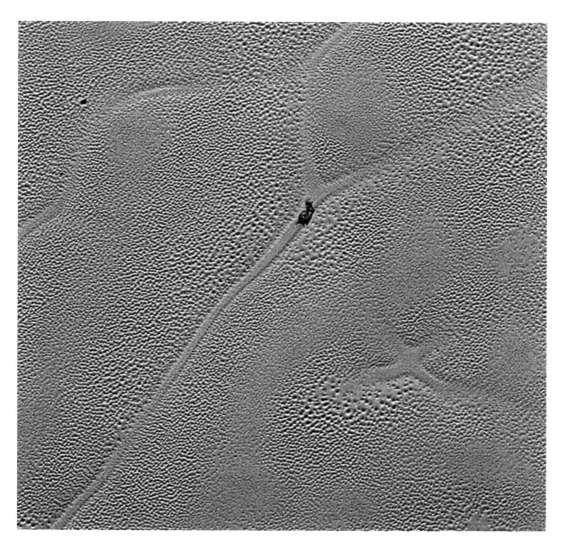

▲ 平滑的冰场

的冲击盆地。"研究人员认为它是由一颗直径 6 英里的小行星撞击形成的。目前还不清楚撞击是何时发生的，但研究人员仍将继续探索这一理论。

10 │ 冥王星最小的卫星让科学家们感到惊讶

当你拍摄 25 万英里外的照片时，冥卫四一定是模糊的，但这是我们所见过的最好的照片，它是冥王星最小的卫星。探测结果与科学家预测的结果非常不同：由于其强大的引力，他们认为它要大得多，但实际上它是相当小的；它很可能是由两个融合在一起的物体形成的；它有一个高度反光的表面。

"再一次，冥王星系统让我们吃惊。"位于马里兰州劳雷尔的约翰霍普金斯

大学应用物理实验室的"新视野号"项目科学家哈尔韦弗说。

　　新数据显示，它的直径大约为 8 千米，而较小的波瓣直径约为 5 千米。科学团队成员从其不同寻常的形状推测，冥卫四可能是由两个较小的天体合并形成的。冥卫四表面的反射率类似于冥王星的其他小卫星（大约 50%），就像其他的卫星一样，覆盖了相对干净的水冰。

▲ 冥卫四

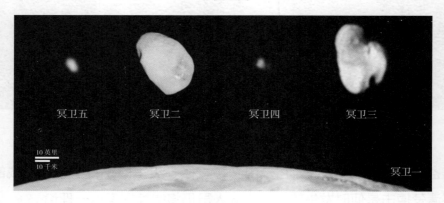

▲ 冥王星的卫星

十佳图片格外酷

美国的"新视野号"探测器在飞越冥王星时拍摄了 300 多幅图像,这是人们第一次看清冥王星的真面目。这些图像很多都可以说是精品,这里选择 10 幅供欣赏。

1 | 冥王星的真面目

2015 年 7 月 14 日,美国"新视野号"探测器首次近距离飞越冥王星和它最大的卫星冥卫一,获得了许多近距离照片。如今,科学家们仍在探索外太阳系这些神奇的奥秘。新视野任务科学家后来对彩色多光谱可见光成像相机采集的数据进行了精确的校准,创造出的图像与人眼所能感知到的颜色接近,使它们比靠近相遇时

▲ 真实颜色的冥王星

所释放的图像更接近真实的颜色。由于人眼感知到的波长范围较窄,这些颜色比原始摄像机颜色数据构建的颜色要柔和得多。这张照片是"新视野号"探测器从 35 445 千米的距离向冥王星及其卫星飞去时拍摄的。冥王星的显著特征清晰可见,包括冥王星冰的明亮区域、富含氮和甲烷的"心脏"——斯普特尼克平原。

2 | 冥王星与冥卫一

2015 年 7 月 14 日,"新视野号"探测器在穿越冥王星系统时拍摄到冥王星和冥卫一的彩色图像,突出显示了这对双星的惊人差异。冥王星和冥卫一的

▲ 冥王星（右下）与冥卫一（左上）

▲ 真实颜色的冥卫一

颜色和亮度都是相同的，可以直接比较它们的表面属性，并强调冥卫一的极地红色地形和冥王星的赤道红色地形之间的相似性。

3 | 冥卫一

2015 年 7 月 14日，美国"新视野号"探测器首次近距离飞越冥王星最大的卫星冥卫一，获得了许多近距离照片。

4 | 冥王星地质图

下页这张地质图涵盖了冥王星表面的一部分，从上到下测量了 2070 千米，其中包括一个被非正式命名为斯普特尼克平原的地区和周围的巨大的氮冰平原地区。地图上覆盖着代表不同地质地形的颜色。每一种地形，都是由其质地和形态，包括光滑、坑坑洼洼、崎岖、小丘或脊状结构所决定的。

在地图中心的各种蓝色和绿色的单位代表了不同的纹理，从中央和北部的细胞地形，到南部平坦而崎岖的平原。黑线标记氮冰中细胞区域边界的波谷。紫色的单位代表西部边界的混乱的块状山脉，粉色的单位代表东部边缘分散的、漂浮的山丘。在地图的南角，有可能被命名为莱

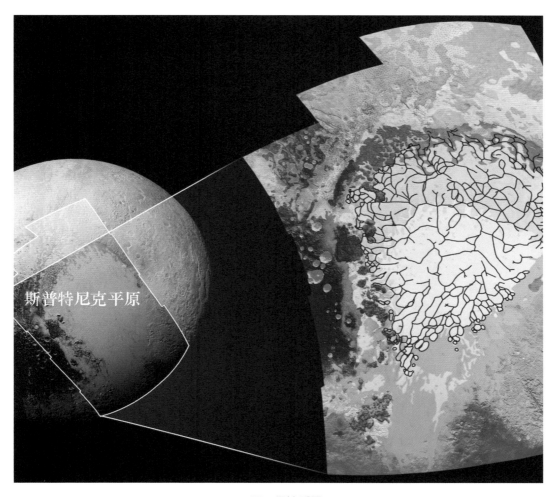

斯普特尼克平原

▲ 冥王星地质图

特蒙斯的冰冻火山特征被绘制成红色。在西部边缘，被非正式命名为克苏鲁（Cthulhu）区域的崎岖高地被绘制成深棕色，并被许多巨大的撞击坑（用黄色标出）标记。

5 │ 冥王星最高的山脉

冥王星最高的山脉是丹增山脉（Tenzing Montes），它沿着斯普特尼克平原的西部边缘，比光滑的氮冰平原上升 3~6.2 千米。左上方山脉背后的山丘区域是赖特蒙斯山，它被解释为由冰组成的火山地貌。下图显示的区域大约 500 千米宽。

该山脉以尼泊尔登山家丹增·诺盖之名命名，纪念其首登地球最高峰珠穆朗玛峰的壮举。

▲ 丹增山脉

6 │ 冰山和平原

2015 年 7 月 14 日，美国国家航空航天局的"新视野号"探测器在距离冥王星最近的地方拍摄了冥王星的高分辨率照片，这是迄今关于冥王星各种地形最清晰的照片，空间分辨率为 270 米。在一张显示范围为 120 千米长的高分辨率拼图（下页上图）中，平原有纹理的表面围绕着两座孤立的冰山。

7 │ 远望冥王星

冥王星雄伟的山脉、冰冻的平原和朦胧的雾：在最靠近冥王星飞越 15 分钟后，"新视野号"探测器回头看太阳并捕捉到这日落时分的崎岖冰山和一直扩展到冥王星地平线的平坦平原。这片平坦的斯普特尼克"冰雪平原"西侧是海拔 3500 米的高低起伏的山脉，其中包括前景中的盖诺山脉和地平线上的希拉里山脉（Hillary Montes）。在斯普特尼克以东，明显的冰川切断了较为粗糙的地形。在冥王星稀薄但膨胀的大气层中，背光照亮了超过 12 层的薄雾。下页下图拍摄于距离冥王星 18000 千米的地方，现场宽 1250 千米。

8 │ 魔幻的冥王星

"新视野号"任务的科学家利用主成分分析技术制作了这张冥王星的伪彩

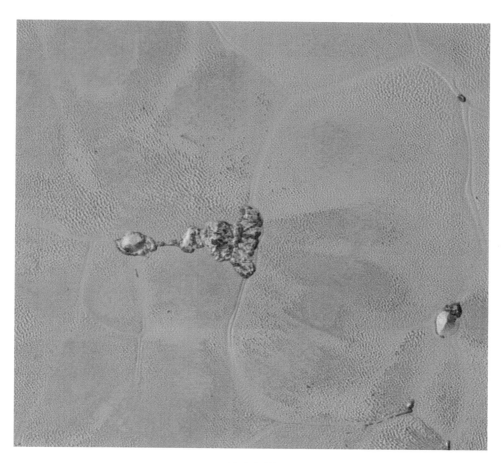

▲ 冰山和平原

▲ 冥王星的远景

▲ 魔幻的冥王星

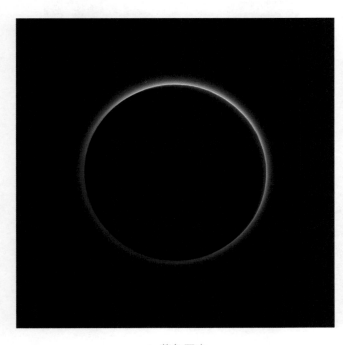

▲ 蓝色天空

色图像（左图），以突出冥王星不同区域之间的许多细微的差异。2015年7月14日上午11时11分，探测器的彩色摄像机从35000千米范围内采集了图像数据。11月9日，美国天文学会行星科学分部在马里兰州的国家港口举行会议，"新视野号"的表面成分组专家展示了这张魔幻照片。

9 | 冥王星蓝色天空

在这张由"新视野号"ralph/多光谱可见成像照相机（MVIC）拍摄的照片中，冥王星的烟雾层显示为蓝色。这种高海拔的烟雾在自然界中被认为与土卫六相似。这种物质的来源很可能是由阳光引发的氮气和甲烷的化学反应，导致相对较小的、类似于乌黑的颗粒（称为"塞罗"），随着它们逐渐靠近地表而增多。这张照片是由软件合成的，它结合了来自蓝色、红色和近红外图像的信息，以复制人眼

所能感知到的颜色。

10 | 彩色成分图

"新视野号"探测器上功能强大的仪器不仅让科学家们了解了冥王星是什么样子的，也证实了他们关于冥王星是由什么组成的想法。这些成分图使用的是成像光谱阵列组件的数据，显示了甲烷（CH_4）、氮气（N_2）、一氧化碳（CO）以及水冰（H_2O）等区域。

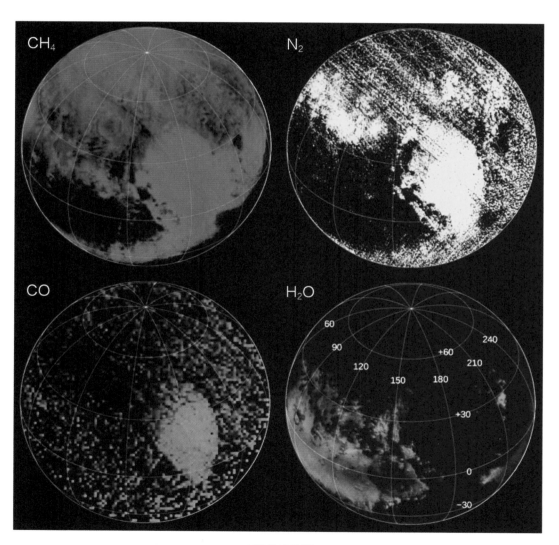

▲彩色成分图

 # 四十个趣事是笑谈

1｜冥王星绕太阳转一圈需要 248 个地球年。从发现到现在，冥王星围绕太阳转动还不到半圈。

2｜冥王星是唯一已知的有大气层的矮行星。它的大气层非常薄，对人类来说是有毒的。当冥王星处于它的近日点时，冥王星的大气层是气体。当冥王星处于它的远日点时，它的大气层会像雪一样冻结和落下。

3｜冥王星需要 6 天 9 小时 17 分钟才自转一周，它在太阳系的行星和矮行星中自转速度第二慢。金星的自转速度是最慢的，它自转一周需要 243 天。木星是旋转速度最快的行星，平均自转时间不到 10 小时。

4｜冥王星与地球的自转方向相反，这意味着在冥王星上太阳从西边升起，在东方落下。此外，金星的自转方向也与地球相反。

5｜阳光照射到冥王星大约需要 5.5 小时，而到达地球只需要 8 分钟。

6｜因为冥王星的卫星冥卫一几乎和行星本身一样大，天文学家有时把这

▲ 冥王星相对大小

两个天体称为双星系统。

7 | 在古占星学中，冥王星与创造 / 重生的力量以及毁灭 / 死亡联系在一起。

8 | 冥王星的温度很低，温度范围从 -240℃ ~-218℃，平均温度是 -229℃。地球上最热的温度是在伊朗的一个沙漠中，70.7℃。地球上最冷的温度在南极洲，是 -89.2℃。地球上的平均温度大约是 14℃ ~15℃。

9 | 一个在地球上重 100 磅的人，在冥王星上重 6.7 磅，在木星上重 236.4 磅。

10 | 冥王星的天空是如此的黑暗，以至于一个人可以在白天看到星星。

11 | 冥卫一和冥王星相互环绕，冥卫一总是在冥王星的天空中。此外，冥王星和冥卫一的同边总是面朝对方。

12 | 冥王星以古罗马神话中的地狱之神命名。

13 | 冥王星有 5 个已知的卫星。

14 | 除了"新视野号"探测器外，没有任何其他航天器曾经访问过冥王星。

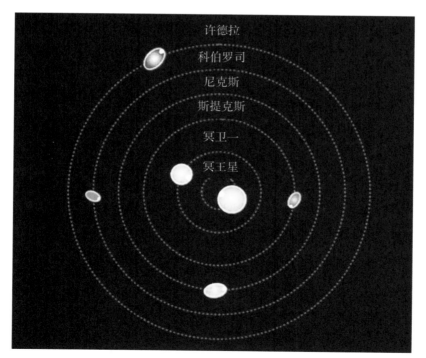

▲ 冥王星的卫星及其轨道

15 │ 国际天文学联合会决定冥王星地表结构的命名必须来自下列几种主题：世界各地神话的阴间地名、与阴间有关的神祇或矮人、曾进入阴间的英雄或探险者、曾写过冥王星或开伯带的作家、与冥王星或开伯带有关的科学家或工程师。

16 │ 在罗威尔天文台发现冥王星之前，其他天文台的天文学家在不知不觉中拍摄了16张冥王星的照片。最古老的是在1909年8月20日由耶基斯天文台拍摄的。

17 │ 迪士尼的一个角色普鲁托，一只狗，据说是以这个前行星命名的。

18 │ 在76年的时间里，冥王星被认为是行星。然而，当天文学家发现它只是开伯带中众多大型天体之一时，冥王星在2006年被划入矮行星行列。

19 │ 以官方的说法，冥王星现在的编号是134340，因为它从一颗行星降级到一颗矮行星。

20 │ 冥王星与地球的距离是不同的。在最接近的地方，冥王星距离地球为42亿千米。在最远的地方，冥王星距离地球约75亿千米。一艘飞船到达冥王星需要大约10年的时间。

21 │ 按照质量来说，冥王星是太阳系中第二大矮行星，阅神星的质量比冥王星大27%，是第一大矮行星；但要按照直径来说，冥王星是最大的矮行星。

22 │ 冥王星比水星和7个卫星小，包括木卫三、土卫六、木卫四、木卫一、月球、木卫二、海卫一。

23 │ 许多天文学家认为，如果冥王星离太阳更近一些，它就会被归类为彗星。

24 │ 试图从地球上看冥王星就像试图在30英里外的地方看到一个胡桃。

25 │ 当冥王星在1930年被发现时，许多人都在为这个新行星的名字提出见解。11岁的威妮夏·伯尼提出了冥王星的名字。她认为这将是一个好名字，因为冥王星是如此的黑暗和遥远，就像冥界的上帝。1930年5月1日，普鲁托这个名字成为官方的名字，小女孩收到了5英镑作为奖励。

26 │ 在冥王星被从行星降级为矮行星时，一些天文学家认为冥王星和其他相似的小天体都应该被归类为矮行星，因为它们在很多情况下都有核、地质、季节、卫星、大气层、云层和极盖。

27 | 在近 248 年的轨道上，因为它的偏心率和高度倾斜的轨道，冥王星有时距离太阳比海王星更近。例如，从 1979 年到 1999 年，冥王星比海王星更靠近太阳。

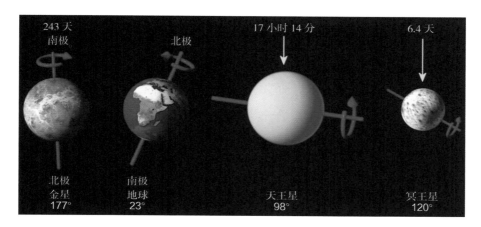

▲ 冥王星自转

28 | 冥王星是侧转的，这意味着它有极端的季节变化。在它的二至点，四分之一的表面在永恒的日光下，而另一个四分之一则处于永久的黑暗之中。

29 | 在冥王星上，太阳的亮度几乎是地球上的 1/2000，太阳在天空中只

▲ 冥王星上看到的太阳

是一个小点。

30 | 天文学家克莱德·汤博在亚利桑那州的天文台工作，他于 1930 年 2 月 18 日发现了冥王星，那时汤博才 24 岁。

31 | 官方象征冥王星的字母是 P 和 L，这不仅代表行星的前两个字母，也是帕西瓦尔·罗威尔的名字的缩写，这个美国天文学家在海王星之外寻找"海外行星"的工作，帮助后人发现冥王星。亚利桑那州的天文台以他的名字命名。

32 | 在冥王星上，日升与日落每星期一次。

33 | 从冥王星上看到的冥卫一要比从地球上看到的月亮大 7 倍，尽管它们的亮度是一样的。

34 | 冥王星大约有 46 亿年的历史，和太阳系其他成员的年龄差不多。

35 | 冥王星隐藏着一个地下海洋，埋藏在它冰冷的斯普特尼克平原之下，可能蕴藏着和地球上的海洋一样多的水。

36 | 冥王星的另一个名字是小行星。2006 年 9 月 7 日，冥王星被小行星中心命名为 134340 小行星。

37 | 化学中的 pluto。化学元素钚（Plutonium）是一种超铀放射性元素，以冥王星命名。

▲ 冥王星表面下隐藏的海洋

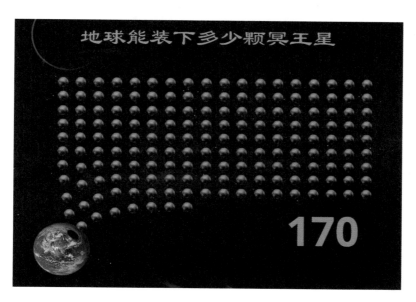

▲ 地球可容纳 170 颗冥王星

38 │ 冥王星上的元素。科学家们估计，在冥王星上含有碳、氢、钙、氮、钾、磷、镁、硫、氯、钠和铁等元素。

39 │ 地球可容纳 170 颗冥王星。

40 │ 地球的质量相当于 456 颗冥王星的质量。

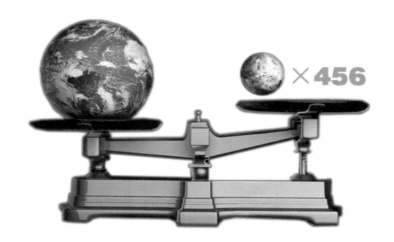

地　球质量 $=5.972 \times 10^{24}$ 千克

冥王星质量 $=1.309 \times 10^{22}$ 千克

▲ 地球的质量是冥王星的 456 倍

第 3 章

表面 **12** 个特征

为什么冥王星上是一个冰冻的世界？

冥王星的"心脏"是什么做的？

冥王星身上为什么有一大片黑斑？

这一章，让我们来看看冥王星表面的12个特征。

　　冥王星的轨道在开伯带内，距离太阳遥远，因此极度严寒。冥王星表面颜色与亮度变化较大，是太阳系内表面反差最大的天体之一。表面的颜色包括炭黑色、深橙色、白色。外观上看起来有一特别巨大、明亮的区域，被称为"心"。冥王星表面的许多特征都与冰有关，如冰山和冰川等。

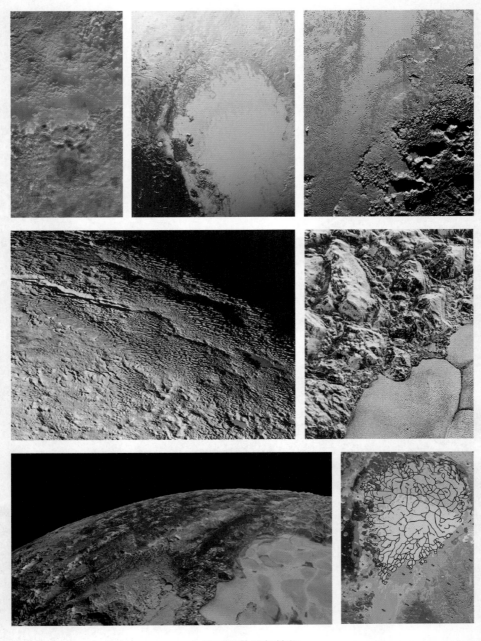

▲ 冥王星的局部特征

突出特征是"心脏"

汤博区（Tombaugh Regio）是冥王星中心区一个横跨大约 1590 千米的巨大浅色区域，呈现一个明显的心脏形结构，被美国国家航空航天局的媒体称为冥王星的"心脏"。2015 年 7 月 15 日，这个区域被美国国家航空航天局正式命名为"汤博区"，以纪念冥王星的发现者——天文学家克莱德·汤博。

随后收集到的资料显示，"心脏"的两"叶"虽然都有明亮的外观，但相邻的地质特性却截然不同。左叶的部分比右叶平滑，颜色也微微不同。在早先的猜想中，左叶是被氮雪填满的巨大陨石坑，当中的亮点则是突出的山峰。2015 年 7 月 15 日公开的照片显示有 3500 米高，由水冰形成的山脉。在"心脏"底部的深暗区域，似乎是一个含有大量冰的撞击坑，而"水冰山脉"是碰撞的残余碎片，"汤博区"的平滑特征则是碰撞后的残余。

▲汤博区

在"新视野号"探测器所得到的最初的照片中，平滑的表面缺乏撞击坑，表明该大撞击是在冥王星形成"近期"发生的。这种巨大的撞击产生的热，可能是在碰撞的交互作用中仍无法解释的能量储存。这样撞击的巨大力量可以解释一些冥王星表面所看到的地质特征，同时也有助于进一步解释其他目前尚未了解的地貌过程。

斯普特尼克平原包含了心脏形状的汤博区的西半部，它是一个深盆地，部分被 10 千米厚的氮冰覆盖。薄片被分解成许多单独的多边形，这些多边形似乎是单独的对流单元。斯普特尼克平原的西部边缘被水冰覆盖，而东部则被明

亮和不规则的凹凸不平的高
地所包围。

　　关于斯普特尼克平原是
如何形成与演化的，这里面
有许多故事。科学家认为，
早在 40 亿年前，冥王星受
到彗星的撞击，产生了斯普
特尼克平原，撞击地点在冥
王星的西北方向。斯普特尼
克平原从它现在位置的西北
部开始，当它充满冰的时
候，来自冥卫一的潮汐引起
了整个冥王星的重新定位，
将斯普特尼克平原带到了东

▲ 冥王星的"心脏"

南方，直到今天，这个平原与冥卫一正面相对。在这个位置，靠近潮汐轴的地
方，额外的质量导致了冥王星自转中最小的摆动（冥王星和冥卫一是潮汐锁定
在一起的，这意味着这两个天体总是对着对方的脸）。"新视野号"探测器发现
了冥王星表面的断层和裂缝。根据斯普特尼克平原演化及该地区重力异常的特
征，科学家推断，该平原下面可能存在液体海洋。

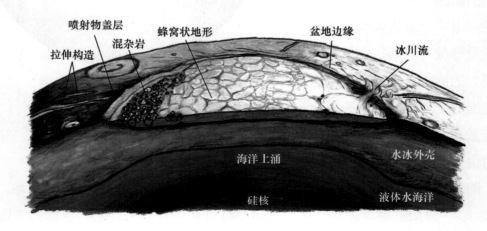

▲ 斯普特尼克平原下面可能存在液体海洋

撞击

早期的冥王星

今日冥王星

▲ 斯普特尼克平原起源与演化

 # 氮冰到处把身藏

冥王星是一个冰冻的世界，表面出现的不同结构几乎都与冰有关，如冰山、冰川、冰冻的高原等，但这些冰不是我们在地球上常见的水冰，而是由其他物质构成的冰。通过观测知道，冥王星的表面由 98% 以上冰冻的固态氮、微量甲烷、微量一氧化碳组成。冥王星固定对着冥卫一的一面含有较多甲烷冰，而另一面则有较多固态氮与固态一氧化碳。

冥王星的故事在很大程度上仍然是一个关于冰的故事。在冥王星上，氮、甲烷和一氧化碳冻结成固体。

1 | 覆盖表面的冰层

斯普特尼克平原是高反照率的、冰覆盖的高原，尺寸为 1050 千米 ×800 千米，以世界上第一颗人造地球卫星命名，它构成了心脏形汤博区的西瓣。斯普特尼克平原大部分位于北半球，但扩展穿过了赤道。不规则的多边形表面被槽沟分割，这些沟槽大约 20 千米长，槽底可能有链状的山或更为暗淡的物质。多边形的结构是对流的标记，推测是一层薄薄的水冰覆盖着甲烷。

构成盆地的冰被认为主要由氮冰组成，一氧化碳和甲烷冰的比例较小。氮冰是最易挥发的。

冥王星的环境温度为 38K（−235.15℃），与水冰相比，氮冰和一氧化碳冰密度更大，刚性更小，这使得类似冰川的流动成为可能。

"新视野号"探测器的观测发现，在斯普特尼克平原有氮冰流动的迹象，而且还发现有氮冰构成的冰川向峡谷流动的情形。

2 | 冰川

科学家们从"新视野号"探测器上发回的最新数据和图像中发现了冥王星表面的冰川状冰。在位于冥王星"心脏"中心的斯普特尼克平原上，一块被称为汤博·雷吉奥的冰层似乎在流动，而且可能在像地球上的冰川一样流动，这表明了存在近期地质活动的迹象。

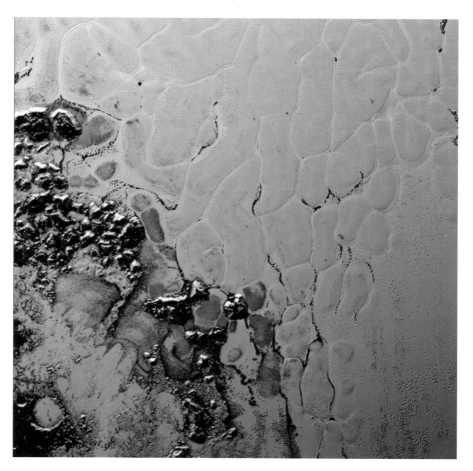

▲ 斯普特尼克平原被冰覆盖

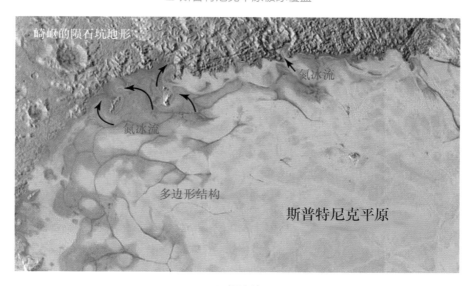

▲ 氮冰流

2015 年 7 月 14 日，"新视野号"探测器拍摄到冥王星日落明暗界线附近的大片区域。右图揭示了冰冻的氮是如何从平原流入古老的、坑坑洼洼的地带的。

▶ 氮冰的流动

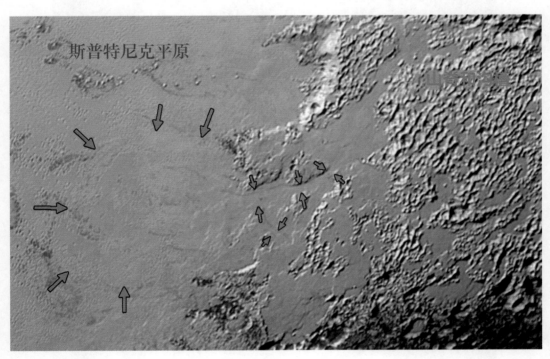

斯普特尼克平原

▲ 冰川向东边的山谷流动

（蓝箭头表示冰川的流动方向，红箭头表示山谷的宽度）

 # 众多山脉冰积成

冥王星赤道附近的新特写照片揭示了一个巨大的惊喜：一系列年轻的山脉从冰层表面上升到 3500 米高。

这座山可能是在不超过 1 亿年前形成的，相对于太阳系 40 多亿年的历史，这可能是最年轻的山，且仍有可能是在继续增长的过程中。这表明，占冥王星表面不到百分之一的区域，在今天可能仍然活跃。

▲ 冥王星盖诺山

冥王星表面还有一些神秘的浮动山脉，氮冰川可能是运输工具。许多孤立的山可能来自周围高原的水冰碎片，这些小山的尺寸为 1 到几千米。因为水冰密度小于氮冰的密度，科学家认为这些水冰山漂浮在氮冰的海上，就像北冰洋上的冰山那样随时间移动。这些山丘很可能是崎岖不平的高地的碎片，它们已经断裂，并被氮冰川带进了斯普特尼克平原，在冰川的流动路径上形成了漂移

流动

冰山

厚水冰墙

▲ 斯普特尼克平原附近的冰山

的山脉。当这些山丘进入中央斯普特尼克平原的格子状地形时，它们就会受到氮冰对流运动的影响，并被推到区域的边缘，在这些区域中，山脉聚集在一起，达到 20 千米。

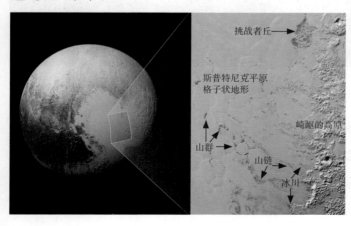

挑战者丘

斯普特尼克平原
格子状地形

崎岖的高原

山群

山链

冰川

在左图的北端，"挑战者丘"似乎是一个特别大的山群，尺寸为 60 千米 × 35 千米，在高地边界附近，远离格子状地形，山可能已经搁浅，因为氮冰特别浅。

▲ 浮动的冰山

平原周围布满坑

　　"新视野号"研究小组在冥王星上绘制了 1070 个陨石坑的位置，这些陨石坑的表面年龄范围很广，这可能意味着这颗矮行星在其历史中一直活跃。

　　这些陨石坑在大小和外观上都有很大差异。根据研究小组的说法，冥王星的一些区域可以追溯到大约 40 多亿年前太阳系行星形成之后。但是巨大的没有陨石坑的斯普特尼克平原，可能是在过去 1000 万年形成的。在陨石坑密集区，有一个陨石坑数量少的区域：皮瑞平原。皮瑞平原是一个被侵蚀的盆地，盆地的底部比周围地区年轻，底部可能充填了一些氮冰。

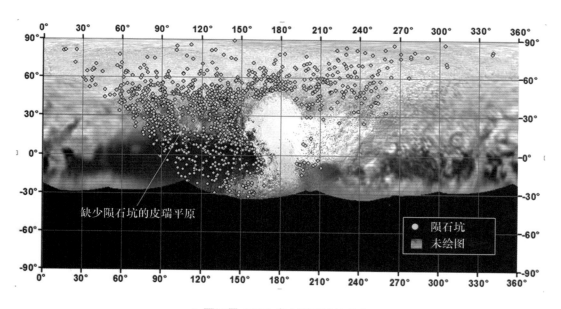

▲ 冥王星 1000 多个陨石坑的分布

　　下页图是由"新视野号"远程侦察成像仪获得的两个独立图像拼接而成的。

　　2015 年 7 月，"新视野号"探测器首次飞越冥王星，在新拍摄的图像中清晰地看到了冥王星的"晕"陨石坑。在下页这张黑白照片中，数十个晕陨石坑散布在维加地形区暗淡的土地上。维加地形区是位于西半球最西端的区域，由"新视野号"探测器在飞越过程中拍摄。这些陨石坑有明亮的墙壁和边缘，使

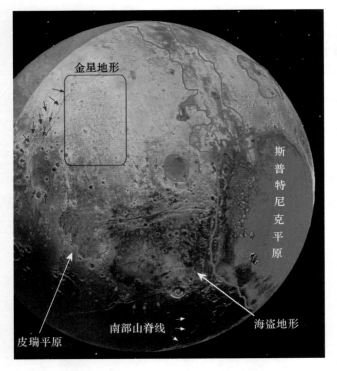

金星地形

斯普特尼克平原

皮瑞平原

南部山脊线

海盗地形

▲ 陨石坑数量少的两个平原：皮瑞平原与斯普特尼克平原

它们从黑暗的环境中脱颖而出。虽然光晕陨石坑引人注目，但真正让科学家困惑的是这些特征是由什么构成的。

美国国家航空航天局的官员在一份图片描述中解释说，"新视野号"的 Ralph/Linear Etalon 成像光谱阵列提供的陨石坑图片显示了明亮光环特征和甲烷冰分布之间惊人的联系。这个环形山周围的甲烷冰在新图片中为深紫色。与此同时，火山口的底部和中间区域被涂成蓝色的部分表示水冰。为什么明亮的甲烷冰会停留在这些火山口的边缘和墙壁上，这是一个谜；同样令人费解的是，为什么这种效应不会在冥王星上广泛发生。

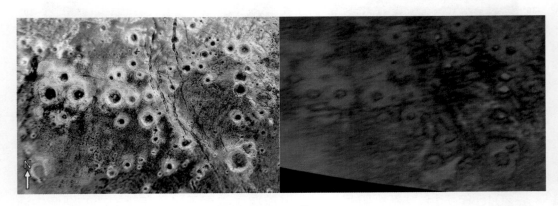

N

▲ 冥王的"晕"陨石坑

可能存在冰火山

非正式命名的莱特山位于斯普特尼克平原的南部，一个不寻常的特性是，它的跨度大约 100~160 千米，4 千米高。下图显示了一个峰顶的凹陷（在图像的中心可见），大约有 56 千米宽，它的侧面有一个独特的丘状纹理。这个凹陷的脊也显示出同心分裂。"新视野号"任务的科学家认为这座山和皮卡尔山，可能是冰火山从表面下喷出冰所形成的。

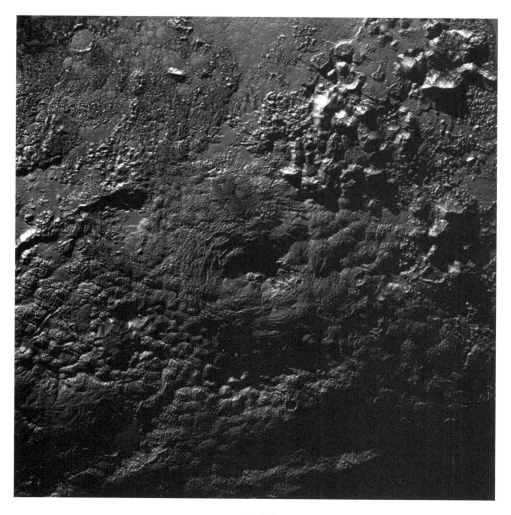

▲ 冰火山

科学家利用"新视野号"冥王星表面图像制作了三维地形图，发现冥王星的两个山脉——莱特山和皮卡尔山可能是冰火山。下图显示的颜色描述了高度的变化，蓝色显示较低的地形，棕褐色显示更高的高度，绿色地形处于中等高度。

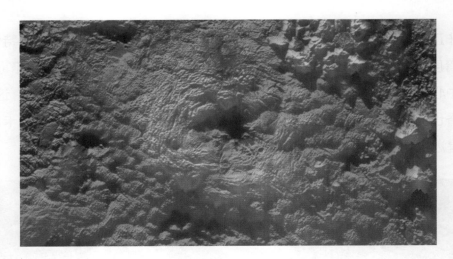

▲ 冰火山和地形

科学家制作了莱特山最高分辨率彩色图像，这座火山表面有许多斑点。

科学家对稀少的红色物质的分布感兴趣，并疑惑为什么这种分布不广泛。同样令人费解的是，在莱特山只辨别出一个陨石坑，这告诉科学家，该表面（以及一些地壳下面）在冥王星形成历史中是最近产生的。这表明，莱特山形成于冥王星历史上后期的火山活动。

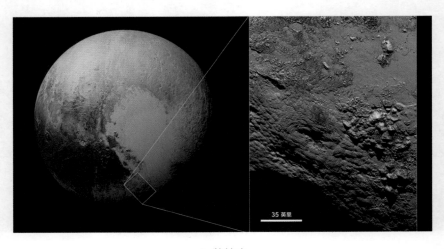

35 英里

▲ 莱特山

连成一片大黑斑

在冥王星表面有一种黑色的斑块地形，而且很多黑斑连成一片。之所以呈现黑色，推测是由于称为托林的复杂碳氢化合物"焦油"覆盖表面。托林是由原始的甲烷、乙烷等结构简单的有机化合物在紫外线照射下形成的，但它并不是单一的纯净物，并没有确定的化学分子或明确的混合物与之对应。托林通常为浅红色或棕色。托林无法在今日的地球自然环境下形成，但在外太阳系以冰组成的天体表面含量极大。

克苏鲁斑是冥王星上显著的地形，它是冥王星赤道上长约 2990 千米的狭长黑暗地区，在冥王星心形汤博区的斯普特尼克平原西边。

"新视野号"探测器在 2015 年 7 月 8 日传送回来的第一批初始影像中，克苏鲁斑清楚地呈现鲸鱼状的特征。美国国家航空航天局最初提到它时，以鲸鱼指称其整个形状。在 2015 年 7 月 14 日，"新视野号"探测器的团队以克苏鲁斑称呼它，是以出现在 1928 年的一部短篇小说中虚构的一个有恶意的神来命名。

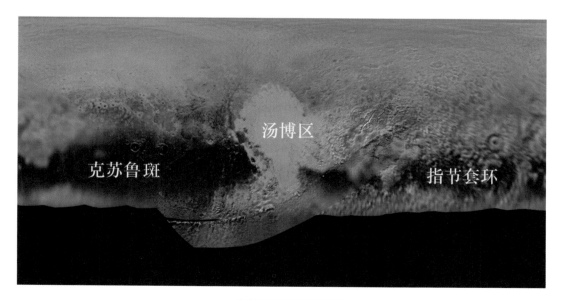

▲ 克苏鲁斑与指节套环

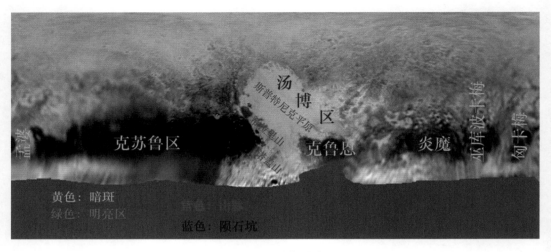

▲ 冥王星上的指节套环

　　指节套环是一系列具有半规则间隔的黑暗斑点和规则的边界的组合，它们位于赤道，界于心和鲸鱼的尾巴之间，平均直径约为 480 千米。从西（汤博区的南边）到东（鲸鱼的尾端），套环依序是：

　　克鲁恩斑（Krun Macula）：以伊拉克南部曼德语族地狱的主神命名，相当于地府的阎罗王。克鲁恩斑是继克苏鲁斑和炎魔斑之后第三大的暗区。它延伸到西经 180 度附近。

　　阿拉斑（Ala Macula）：它的名称源自尼日利亚东部伊博族地府最重要的神阿拉，是冥王星暗黑色指节套环系列中最小的一节。

　　炎魔斑（Balrog Macula）：以托尔金的幻想神话中虚构的恶魔人种命名。炎魔斑是冥王星暗黑色指节套环系列中最大的一节，它是冥王星赤道上继克苏鲁斑之后最大的黑暗地区。

　　巫库波卡梅斑（Vucub-Came Macula）和匈卡梅斑（Hun-Came Macula）：名称源自玛雅基切语的议会之书提到的七位死神。

　　孟婆斑（Meng-p'o Macula）：以中国佛教中让死者忘记前世的神命名。孟婆是冥王星暗黑色的指节套环区域中的一节。孟婆斑横跨本初子午线（经度 0 度），东边就是鲸鱼（克苏鲁斑）的尾巴。

槽沟纵横随处见

　　在冥王星的冰面上伸展着一种不同寻常的地质特征，就像一只巨大的"蜘蛛"。最长的破裂是南北方向的，被非正式命名为"斯雷普尼尔"（Sleipnir），长度超过 580 千米。东西向的断裂处较短，不到 100 千米长。在北部和西部，这些裂缝延伸到北部高纬度地区的起伏的平原上，在南部地区，它们拦截并穿过塔耳塔洛斯山脊。

　　奇怪的是，"蜘蛛"的"腿"明显地暴露了冥王星表面之下的红色沉积物。

　　"新视野号"任务的科学家们认为，在冥王星的其他地方发现的裂缝，往往是在长带中彼此平行排列，而不是在连接上相互交叉，因为这一特征是由冥王星的水冰外壳在全球范围扩展造成的。然而，考虑到形成"蜘蛛"裂痕的奇怪辐射模式，它可能是由地壳中一个集中的应力源引起的，例如，从表面下涌出的物质，促使裂缝聚集在一起。

▲ 斯雷普尼尔槽沟的位置

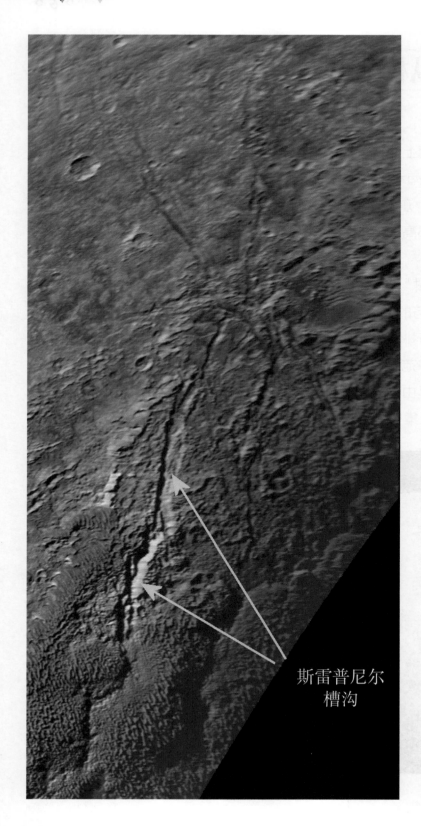

斯雷普尼尔
槽沟

◀ "冰蜘蛛"
——斯雷普尼尔槽沟

 # 山脊密集长又宽

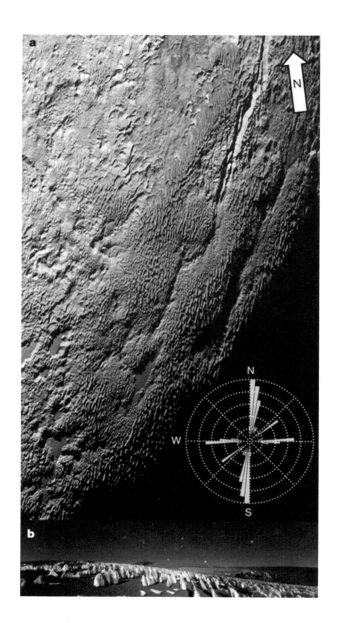

左图这种刃状地形由山脊高原组成。投影视图涵盖了近万平方千米的 290 个山脊。

当冥王星位于远日点时，北极面对着太阳。来自北方的甲烷会升华并飘浮到不同的大气层中，向南飘移。当它在大气中向南飘移时，它会堆积在隆起的山脊上。从下页图上可以很容易地看到南极白雪皑皑的山脊线。如果仔细观察这张照片，你会发现柔软的土地沿着坚硬的山脊线的每一边延伸，试着把箭头放得离山脊足够远，你就能看到流动的土地。最明显的是在山脊的左下方，这个山脊是软冰和硬冰之间的边界。

◀ 密集的山脊

▲ 南极附近的山脊

刃状地形呈奇观

美国国家航空航天局的"新视野号"探测器飞越冥王星时发现了最奇怪的地形之一——在汤博地区以东的"刃状"地形。刃状地形是塔耳塔洛斯山脊的主要特征，从北向南排列，达到数百英尺高，通常间隔几英里。它坐落在一个更宽阔的圆形山脊上，由平坦的山谷层隔开。关于这种地形的源，目前的理论包括蒸发冰的侵蚀或甲烷冰的沉积。

▲ 三维刃状地形

 # 神秘洞穴不一般

　　"新视野号"相机在斯普特尼克平原发现了大量神秘的"洞"。科学家们认为，这些洞可能是由升华和冰裂结合形成的。

　　在斯普特尼克平原的边界上，这些洞形成深谷，长达 40 千米，宽 20 千米，深约 3 千米（几乎是亚利桑那州大峡谷的两倍），地面上覆盖着氮气冰。"新视野号"任务的科学家们认为，这些洞可能是由表面坍塌形成的，尽管造成表面坍塌的原因是一个谜。

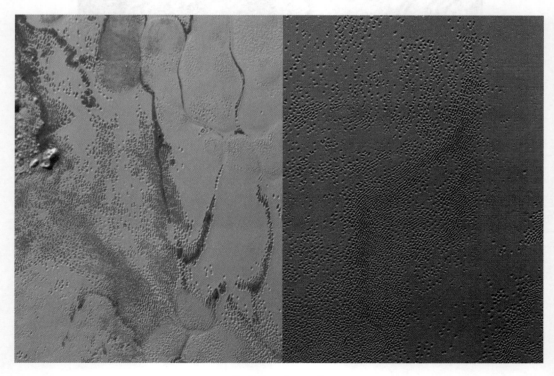

▲ 斯普特尼克平原的洞

▲ 密集的洞

为何形成多边形？

斯普特尼克平原的底部由冰覆盖，大部分区域都有不规则的多边形结构，大小在 16~48 千米。这些冰主要由氮气构成，有少量的甲烷和一氧化碳。冰能够在冥王星表面温度为 -235℃的情况下流动。它以每年几厘米的速度移动，在地质时期可能看起来很慢，但实际上这种速度是很快的。这是第一次我们能够真正确定冥王星表面的这些奇怪的斑点到底是什么。目前发现的证据表明，即使在距离地球数十亿英里远的寒冷星球上，只要你有合适的物质，就有足够的能量进行剧烈的地质活动。科学家们推测，这种对流是由冥王星内部的热量引起的，这些热量是由 40 亿年前形成的矮行星的元素放射性衰变所产生的。当内热使几千米深的冰库升温时，这些冰会以大团的形式浮到表面，然后在那里冷却并以一个持续的周期下沉。从地质学角度看，这是一层剧烈的固态氮翻

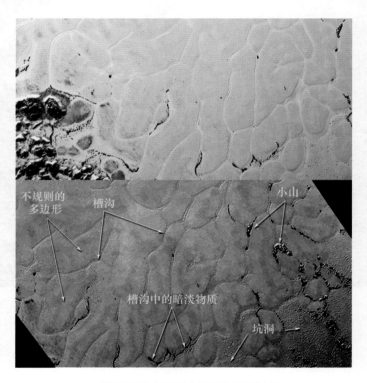

▲ 斯普特尼克平原底部的多边形地形

▲ 多边形地形的艺术图

腾层，就好像冥王星的"心脏"真的在跳动一样。计算机模型证实，即使冰层只有几千米深，对流也会发生，这也表明对流单元非常广泛。在几百万年的时间里，固态氮团可以彼此融合。在斯普特尼克多边形单元之间，可见的脊状突起标志着氮冰冷却后下沉的区域，在此过程中形成了 X 或 Y 形状的特征，标志着一些单元曾经彼此相连的位置。科学家们在研究斯普特尼克平原表面图像时发现，氮冰冰川已经移动到平原上，远离与该地区接壤的水冰山脉。除了这个区域没有撞击坑外，还有其他证据表明，在这个过程中，水冰在氮冰之上流动，将大石块推入沟槽，将单个多边形单元分开。

 # 地质结构清晰见

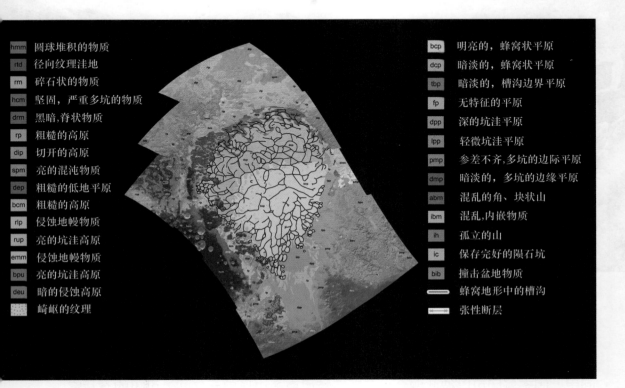

hmm 圆球堆积的物质	bcp 明亮的，蜂窝状平原
rtd 径向纹理洼地	dcp 暗淡的，蜂窝状平原
rm 碎石状的物质	tbp 暗淡的，槽沟边界平原
hcm 坚固，严重多坑的物质	fp 无特征的平原
drm 黑暗,脊状物质	dpp 深的坑洼平原
rp 粗糙的高原	lpp 轻微坑洼平原
dip 切开的高原	pmp 参差不齐,多坑的边际平原
spm 亮的混沌物质	dmp 暗淡的，多坑的边缘平原
dep 粗糙的低地平原	abm 混乱的角、块状山
bcm 粗糙的高原	ibm 混乱,内嵌物质
rlp 侵蚀地幔物质	ih 孤立的山
rup 亮的坑洼高原	ic 保存完好的陨石坑
emm 侵蚀地幔物质	bib 撞击盆地物质
bpu 亮的坑洼高原	蜂窝地形中的槽沟
deu 暗的侵蚀高原	张性断层
崎岖的纹理	

▲ 斯普特尼克平原及周边地质图

　　上面这张地质图覆盖了冥王星表面的一部分，从上到下长达 2070 千米，其中包括广阔的氮冰平原，俗称"斯普特尼克平原"及其周围的地形。彩色图示代表不同的地质地形。例如，每种地形或单元都是由它们的纹理和形态定义的，包括光滑、坑坑洼洼、崎岖不平、隆起或成脊状。单元定义的好坏取决于覆盖它的图像的分辨率。这张地图上的所有地形都以每像素约 320 米或更高的分辨率成像，这意味着科学家可以相对有把握地绘制各个单元。

　　填满地图中心的各种蓝色和绿色单元代表了在斯普特尼克平原上看到的不同纹理，从中心和北部的蜂窝地形到南部的平坦和凹凸不平的平原。黑色的线代表了在氮冰中标记蜂窝区域边界的槽。紫色的单元代表了斯普特尼克西部边

界上混乱的、块状的山脉。粉色的单元代表了东部边界上分散的、漂浮的小山。在地图的南角用红色标出了可能的低温火山特征，这种特征被非正式地称为莱特山。这片崎岖不平的高地被非正式地命名为克苏鲁区，它沿着西侧边缘用深棕色标出，其中有许多用黄色标记的巨大撞击坑。

这张地质图的基础图是由远程侦察成像仪（LORRI）以每像素约 390 米的分辨率获得的 12 幅图像拼接而成的。

☆ 知识总结

写一写你的收获

第4章

奇特的大气层

你知道吗，冥王星可能是太阳系中季节变化最为明显的天体哦。
它还有着"想要逃跑"的、美丽的蓝色大气。
进入第4章，让我们一起来看看吧。

 # 三种成分构成

　　冥王星一个吸引人的地方是它奇怪的大气层。尽管冥王星的大气层密度非常低，但它却能够为研究天体大气提供很有价值的独一无二的资料。地球大气中可以反复经历固态到气态之间相变的气体只有一种——水蒸气，而在冥王星上有 3 种：氮气、一氧化碳和甲烷。而且，目前冥王星整个表面的温度变化幅度达到 50%，也就是 40K 到 60K 左右。冥王星在 1989 年到达它的近日点。随着它逐渐远离，多数天文学家认为其表面平均温度将会降低，其大气层中的大多数成分将会凝结，像雪一样降落下来。冥王星可能是太阳系中季节变化最为明显的天体。

　　除此之外，冥王星大气的逃逸率与彗星十分相似。其上层大气的多数气体分子都具有足够逃脱冥王星引力的能量。这种速度极快的气体散失称为流体逃逸（hydrodynamic escape）。尽管现在其他任何一颗行星上都看不到这种现象，但它却可能与地球早期大气中氧元素的快速损失有很大关系。流体逃逸可能使得地球成为适宜生命产生的星球。冥王星是太阳系中唯一可供科学家研究这一现象的天体。

　　冥王星和地球生命起源之间一个重要的联系是它表面和内部水冰中存在有机化合物，如固态甲烷。最近对开伯带天体的研究表明它们也有可能储存大量的冰和有机物。人们一般认为这些物质在数十亿年前频繁进入内太阳系，从而使年轻的地球开始了初等生命体的演化。

　　有关冥王星大气层的情况目前知道的还很少，可能主要由氮和少量的一氧化碳及甲烷组成。冥王星大气极其稀薄，地面压强只有少量微巴。冥王星的大气层可能只有在冥王星靠近近日点时才是气体；在其余的年份中，大气层的气体凝结成固体。靠近近日点时一部分的大气可能散逸到宇宙中去，甚至可能被吸引到冥卫一上去。

　　冥王星周围的蓝环是由在冥王星大气层中常见的烟雾粒子散射而形成的。科学家们认为，雾霾是因阳光作用于甲烷和其他分子，产生了一种复杂的碳氢

▲ 冥王星与地球大气层比较

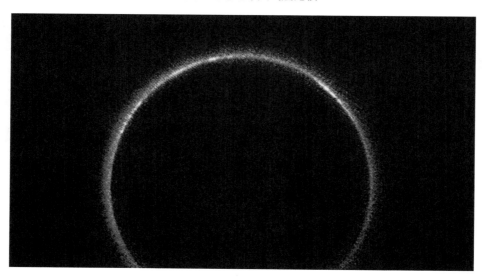

▲ 冥王星蓝色大气层（红外成像）

化合物混合物，如乙炔和乙烯。这些碳氢化合物聚集成小颗粒——大小为微米的一小部分——散射阳光，形成蓝色的烟雾。

在这张图片中，冥王星周围的白色斑点是阳光在冥王星表面较平滑区域的反射。

 # 薄雾具有多层

　　这张关于冥王星的阴影层的图像是由美国国家航空航天局的"新视野号"探测器上的多光谱可见成像照相机拍摄的，大约发现了 20 个雾层。这些雾层通常在几百千米的范围内延伸，但与冥王星表面并不是严格平行的，例如，白色的箭头表示在左边的表面大约厚 5 千米的薄雾层，在右边已经下降到表面。

▲ 冥王星的雾

　　下页上图这张经过处理的图像是在冥王星大气层的薄雾层中分辨率最高的彩色图像。这张照片以近似真实的颜色显示，是由四张彩色图像拼接而成的。分辨率是每像素 1 千米，太阳从右边照射。

　　当碳氢化合物混合物在大气层中安顿下来时，烟雾颗粒形成了无数复杂的、水平的层，有些在冥王星周围绵延数百英里。

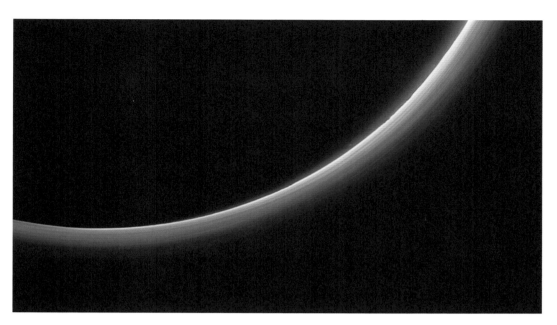

▲ 冥王星的薄雾带着蓝色的条纹

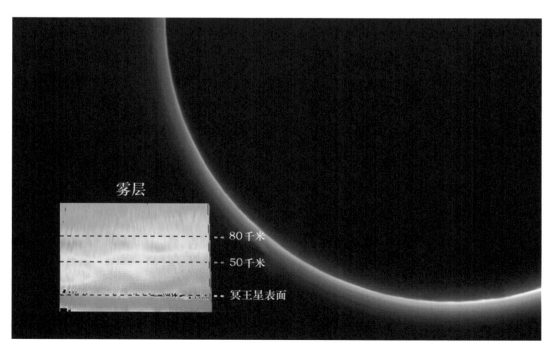

雾层

80千米

50千米

冥王星表面

▲ 冥王星的雾，伪彩色图显示了多种结构，包括两个不同的层

压强变化显著

　　冥王星没有或几乎没有对流层，而"新视野号"探测器的观测结果表明冥王星有一个薄的对流层边界层，与预测的厚度（小于等于 1 千米的模型）一致。在边界层上面有一个平流层，温度随高度快速增加而上升。温度梯度估计为 2.2°/ 千米或 5.5°/ 千米，这是由甲烷引起的温室效应的结果。表面平均温度为（42±4）K（2005 年测量），所有大气的平均值为（90^{+25}_{-18}）K（2008 年测量）。

　　在高度为 20~40 千米时，温度达到最大值（100~110K，平流层顶），然后缓慢下降（大约 0.2K/ 千米，中间层）。造成这种下降的原因尚不清楚，它可能与一氧化碳的冷却作用、氰化氢或其他原因有关。200 千米以上的温度约 80K，然后保持不变。

　　高层大气的温度没有明显的时间变化。在 1988 年、2002 年和 2006 年测量的数据表明，尽管压力增加了两倍，但温度几乎是恒定的 100K（不确定性是 10K），对纬度或早晚条件的依赖也不存在：温度在所有表面上都是一样的。这与预测大气快速混合的理论数据是一致的。但是有证据表明，温度有轻微的垂直非均匀性。它们在恒星掩星期间，显示了尖锐而短的峰值。在几千米的范围内，这些非均匀性的变化幅度估计为 0.5~0.8K。它们可能是由重力波或湍流引起的，可能与对流或风有关。

　　与大气的相互作用极大地影响了表面的温度。计算表明，尽管压力非常小，大气温度的昼夜变化会显著减少，但是仍然有大约 20K 的温度变化，部分原因是冰的升华导致了表面的冷却。

　　冥王星的大气压力非常低，而且有很强的时间变化性。对冥王星的恒星掩星观测结果表明，尽管冥王星自 1989 年以来已经远离太阳，但压力在 1988 年到 2015 年间增加了大约 3 倍。这可能是由于冥王星的北极在 1987 年进入阳面，加剧了北半球氮的蒸发，而它的南极仍然太热，无法凝结氮。表面压力的绝对值很难从掩星数据中获得，因为这些数据通常不会在大气层的最底层被观测到。所以，表面压力必须是外推的，这有点模棱两可，因为不清楚温度的

高度依赖性，因此也不知道压力随高度如何变化。要知道这些必须知道冥王星的半径，但在 2015 年之前对冥王星的了解很粗糙，因此，冥王星表面压力的精确值在以前是不可能计算出来的。自 1988 年以来，根据某些掩星观测结果，压力是以到冥王星中心距离为 1275 千米为参考值计算的，后来采用到表面距离是（88±4）千米。

1988 年和 2002 年的掩星观测得到压力与到冥王星中心距离的关系曲线，与现在已知的冥王星半径 [（1187±4）千米] 相结合，给出在 1988 年和 2002 年的压力分别是 0.4 帕和 1.0 帕。光谱数据给出在 2008 年和 2012 年的压力分别是 0.94 帕和 1.23 帕，是在距离中心 1188 千米 [距表面（1±4）千米] 的位置测的。2013 年 5 月 4 日的掩星观测几乎精确地给出了地表水平的数据 [距中心 1190 千米，或距地表（3±4）千米]：（1.13±0.007）帕。2015 年 6 月 29 日至 30 日的掩星观测，正好在"新视野号"探测器到达之前的两周，测得的表面压力为（1.3±0.1）帕。

关于冥王星大气层最底层首次直接和可靠的数据是由"新视野号"探测器于 2015 年 7 月 14 日用无线电掩星方法测量得到的。表面压力估计是 1 帕 [探测器进入冥王星是（1.1±0.1）帕，退出是（1.1±0.1）帕]。这与前几年的掩星数据是一致的，尽管之前的一些基于这些数据的计算得出了 2 倍高的结果。

在冥王星的大气中，压力随高度明显地变化，这是由不同高度的温度变化引起的。

由于轨道偏心率的存在，在远日点冥王星接收到的热量大约是近日点的 5/14。尽管这些过程的细节尚不清楚，但它应该会引起大气的剧烈季节变化。人们认为在远日点，大气层肯定在很大程度上冻结并落在表面上，但是更详细的模型预测显示，冥王星全年都有显著的大气层变化。

冥王星最近一次通过近日点是在 1989 年 9 月 5 日。到 2015 年，它正在远离太阳，整体表面光照正在减少。然而，这种情况由于其巨大的轴向倾斜（122.5°）而变得复杂，导致在其表面的大部分时间里都是极昼和黑夜。1987 年 12 月 16 日，在近日点之前，冥王星经历了春分，它的北极从极地之夜出来，持续了 124 个地球年。

根据截至 2014 年的数据，科学家们建立了冥王星大气层季节变化的模型。

在之前的远日点期间（1865 年），北半球和南半球都有大量的挥发性冰。大约在同一时间，春分发生了，南半球开始向太阳倾斜，当地的冰开始向北半球迁移。大约在 1900 年左右，南半球基本上没有冰。春分（1987 年）之后，南半球远离了太阳。尽管如此，它的表面已经被严重加热，其巨大的热惯性（由非挥发性的水冰提供）大大减缓了它的冷却速度。这就是为什么现在大量从北半球蒸发的气体不能在南方迅速凝结，并不断积聚在大气中，增加大气压力的原因。预计在 2035—2050 年，南半球将会冷却到足以允许气体密集凝结的程度，气体将从北半球迁移到南半球，那里是极地日，这种迁移将持续到春分附近（约 2113 年）。即使是在远日点，北半球的挥发性冰也不会完全消失，它们将蒸发进入大气层。在这个模型中，大气压力的总体变化大约是 4 倍。最低限度是在 1980 年左右达到的，最高限度将在 2030 年左右达到，整个温度变化范围只有几度。

 # 逃逸经常发生

早期的数据表明，冥王星的大气层每秒会损失 $10^{27} \sim 10^{28}$ 个氮分子（50~500 千克）。在太阳系的生命周期中，这相当于在几百米或几千米厚的冰层中失去了一个表面层。然而，来自"新视野号"探测器的后续数据显示，这一数字被高估了至少 1000 倍。目前，冥王星的大气中每秒钟只损失 10^{23} 个氮分子和 5×10^{25} 个甲烷分子。在太阳系的生命周期中，这相当于损失几厘米的氮冰和几十米的甲烷冰。

具有足够高速度的分子可以逃逸到外太空，被太阳紫外线辐射电离。当太阳风遇到由离子形成的障碍时，会减速和改变，可能会在冥王星的上游形成冲击波。这些离子被太阳风"拾起"，并在它流经矮行星的过程中形成离子或等离子体尾。2015 年 7 月 14 日，在"新视野号"探测器上，太阳风探测仪器首次测量了这一区域的低能大气离子。这样的测量使科学家能够确定冥王星大气层的损失速率，进而使我们对冥王星的大气和表面的演化有更深入的了解。

冥卫一北极红褐色的帽子可能是由托林构成的，托林是由来自冥王星大气释放的甲烷、氮和其他气体产生的有机大分子组成的，并将其转移到绕轨道运行的冥卫一上约 19000 千米的距离。

⭐ 知识总结

写一写你的收获

谷神星
946 千米

鸟神星
1430 千米

妊神星
1632 千米

冥王星居住的"小区"

"冥王"住在"阴间",那么冥王星住在哪里呢?
冥王星附近是彗星飞行的始发站?
随着作者的脚步,认识一下冥王星的几位"神仙邻居"和它
们居住的"小区"吧。

阋神星
2326 千米

冥王星
2380 千米

 的故事

 "小区"位于"阴间"

冥王星的轨道离心率及倾角皆较高，近日点为 29.66AU（约 44 亿千米），远日点为 49.31AU（约 74 亿千米），阳光需要 5.5 小时才能到达冥王星。

在离太阳如此之远的地方，冥王星是非常冷的。冥王星上温度的变化足以改变这个矮行星的大小。在近日点，它的温度上升到足以使冥王星氮冰升华并形成围绕它的弥散云；当冥王星离太阳越来越远的时候，它的大气层冻结，像雪一样落到冥王星的表面。

0K 就是绝对零度，处于绝对温度为 0℃的物体，不可能向外辐射任何形式的能量。0K 等于 −273.15℃。相比之下，冥王星的表面处于 33K（−240.15℃）到 55K（−218.15℃）的低温范围。冥王星的平均表面温度是 44K（−229.15℃）。太阳系八大行星中，最冷的是海王星，而冥王星比海王星还要冷。

−229.15℃是一个什么概念？我们在地球上是无法想象的。就是神话中的阴曹地府恐怕也不会有这样低的温度。冥王星所在的"小区"有一个官方的名字，叫开伯带。

开伯带（Kuiper Belt）是位于太阳系中海王星轨道（距离太阳约 30AU）外侧的黄道面附近、天体密集的圆盘状区域。开伯带假说最先由美国天文学家弗雷德里克·伦纳德提出，十几年后杰拉德·开伯证实了该观点。开伯带类似于小行星带，但空间范围要大得多，它比小行星带宽 20 倍，所含天体总质量预计是小行

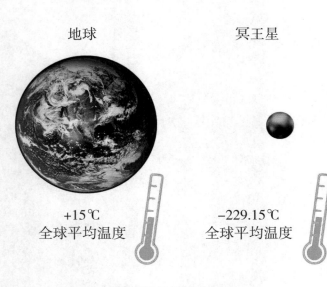

地球　　　　　　冥王星

+15℃
全球平均温度　　　−229.15℃
全球平均温度

▲ 冥王星和地球的温度对比

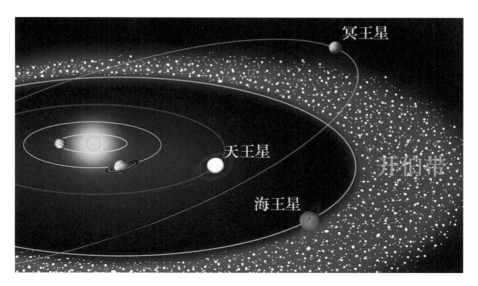

▲ 开伯带的位置

▲ 开伯带艺术图

星带的 20~200 倍。如同主小行星带，它主要包含小天体或者说太阳系形成的遗迹。大多数小行星带天体主要是由岩石和金属构成的，大部分开伯带天体却由冷冻的挥发成分（称为"冰"）如甲烷、氨和水组成。开伯带至少有三颗矮行星：冥王星、妊神星和鸟神星。一些太阳系中的卫星，如海王星的海卫一和土星的土卫九，也被认为起源于该区域。

　　从 1992 年开始，天文学家开始意识到在海王星轨道以外，存在着众多的围绕太阳旋转的小天体，且至少有 7 万个这样的"海王星外"的小天体。它们的直径大于 100 千米，分布的径向范围是从海王星轨道（30AU）开始，向外扩展到 50AU。观测表明，这些海王星外的小天体大多局限在黄道带附近。这使人们意识到，这些小天体围绕太阳形成环带状。这个环带通常被称为"开伯带"。

　　第一个被天文学家称为开伯带天体的奇怪天体于 1992 年被发现，由来自夏威夷大学的大卫·杰维特（Dave Jewitt）和来自加州大学伯克分校的简·卢（Jane Luu）发现，他们不相信外太阳系是空的。从 1987 年开始，他们不懈地扫描天空，寻找海王星以外的暗淡物体。花了 5 年时间，在夏威夷大学的 2.2 米望远镜上看了又看，他们最终找到了他们想要的东西：一个红颜色的小点，比冥王星更遥远。杰维特和卢想要给他们的发现命名为"微笑"，但后来被列为"1992 QB1"。

　　开伯带对于行星系统的研究至少有两个层面的意义。首先，开伯带天体很可能是太阳系最初形成阶段残留下的非常原始的物质。在前行星盘内部的密集地方，大约经过了数百万年至数千万年，物质浓缩形成主行星。行星盘的外层部分，物质不那么密集。这一部分行星盘形成众多的小天体。其次，人们普遍认为，开伯带是短周期彗星（如哈雷彗星）的发源地，就像奥尔特云被认为是长周期彗星源一样。

　　第一个探索开伯带的是"新视野号"探测器。它 2015 年飞越了冥王星，目前正准备探索另一个开伯带天体。

　　目前还不清楚，在开伯带这个遥远而又寒冷的区域，是否存在生命。

　　开伯带有时被误认为是太阳系的边界，但太阳系还包括向外延伸两光年之远的奥尔特星云。自冥王星被发现以来，就有天文学家认为其应该被排除在太阳系的行星之外。由于冥王星的大小和开伯带内大的小行星大小相近，20 世纪末更有主张其应被归入开伯带小行星的行列当中，而冥王星的卫星则应被当作是其伴星。2006 年 8 月，国际天文学联合会将冥王星排除出行星类别，并和谷神星、新发现的阅神星一起归入新分类的矮行星。

　　截至 2018 年 4 月 22 日，共发现海王星外天体 2707 颗。

邻居都是"神仙"

冥王星是第一个被观测到的开伯带天体（KBO），尽管当时的科学家们并不认为它是。直到两位科学家在太阳系外发现了一个缓慢移动的小世界，才意识到开伯带的存在。

科学家们估计，在这条带内，有数千个直径超过 100 千米的天体围绕着太阳运行，还有数万亿个较小的物体，其中许多是短周期彗星。该区域还包含了几颗矮行星，它们的个头太大，不能被认为是小行星，也不被认为是行星，因为它们和行星相比太小了，还在一个奇怪的轨道上，也不像八颗行星那样清除了周围的空间。

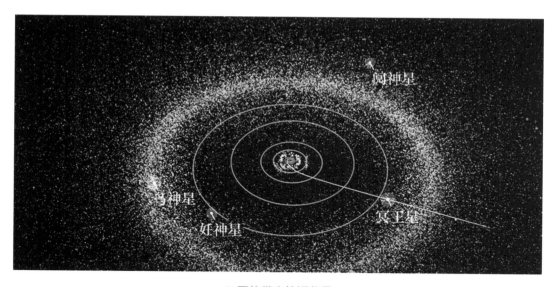

▲ 开伯带内的矮行星

目前已经获得正式命名的开伯带天体，基本上都是以各种神话传说中的人物命名的，都是神仙，如矮行星阋神星、妊神星和鸟神星，如鄷神星（Arawn）、魂魄神星（Sila-Nunam）、逻神星（Logos）、混神星（Chaos）、睿神星（Rhadamanthus）、丢神星（Deucalion）、曝神星（Borasisi）、恶神星（Lempo）、雨神星（Huya）、法神星（Varuna）、造神星（Teharonhiawako）、

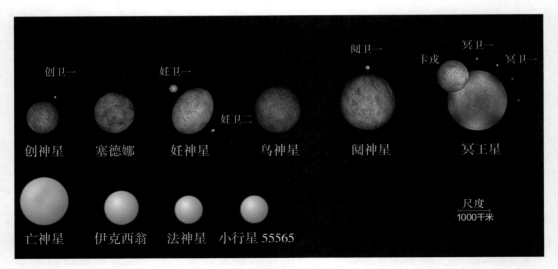

创卫一
创神星 塞德娜

妊卫一
妊卫二
妊神星 鸟神星

阅卫一
阅神星

卡戎 冥卫一 冥卫二
冥王星

尺度
1000千米

亡神星 伊克西翁 法神星 小行星 55565

▲ 最亮的开伯带天体

寰神星（Altjira）、台神星（Typhon）、创神星（Quaoar）、湮神星（Ceto）、璨神星（Varda）、蓝神星（385446）、亡神星（Orcus）、漾神星（Salacia）、薨薵神星（Mors-Somnus）和古神星（Praamzius）等。怎么样，神仙够多的吧？我们不可能对这么多神仙一一介绍，只介绍冥王星以外的几颗。

鸟神星八个事实

鸟神星（Makemake）直径大约是冥王星的四分之三，有一颗卫星。鸟神星的平均温度极低，约 −243.2℃，它的表面覆盖着甲烷与乙烷，并可能还存在固态氮。

鸟神星轨道的近日距是 38.5AU，远日距是

▲ 鸟神星艺术图

53.1AU，轨道周期大约为 310 年，比冥王星的 248 年与妊神星的 283 年都要长。自转周期大约 7.77 小时。

目前，鸟神星是继冥王星之后第二亮的开伯带天体。鸟神星的精确大小还不是十分清楚，但依据斯皮策空间望远镜的红外观测数据以及与冥王星相似的光谱，可得出的直径约为 1300~1900 千米。

在鸟神星被发现之时，发现的团队曾使用"复活节兔"作为该天体的代称，因为它是在复活节过后不久被发现的。2008 年 7 月，为了与国际天文学联合会（IAU）对经典开伯带天体命名的规则一致，该天体被以创造之神马奇马奇的名字来命名。马奇马奇是复活节岛拉帕努伊族原住民神话中的人类创造者与生殖之神，选择这一名称的部分原因是要保留该天体同复活节之间的关联。

根据斯皮策空间红外望远镜和伽利略探测器的观测结果，鸟神星在可见光谱中呈现红色，但要远浅于阅神星地表的红色。近红外光谱显示有甲烷（CH_4）吸收频带的存在，此前亦在冥王星与阅神星上观测到有甲烷存在，但后两者的光谱特征要明显弱于鸟神星。

光谱分析显示，鸟神星表面存在直径大于一厘米的大颗粒甲烷晶体。除此之外，鸟神星表面还可能存在着大量的乙烷与托林物质，这些物质极有可能是

甲烷受太阳辐射后光解的产物。托林物质可能是鸟神星可见光谱呈红色的原因。尽管有证据表明，鸟神星表面存在着可能与其他冰质混合的氮冰，但它却没有达到冥王星与海卫一外壳含氮 98% 的水平。其中的原因，可能是氮物质在太阳系早期因不明原因被消耗了。

最新研究发现，鸟神星上没有大气。

2016 年 4 月 26 日，美国研究人员宣布发现鸟神星的唯一卫星。卫星距离鸟神星约 21 000 千米，估计直径为 160 千米，其轨道形状尚不明确，亮度约为鸟神星的 1/1300，形成原因仍有待进一步研究。这一发现证实鸟神星与冥王星的相似度高于之前的预期，研究人员可以因此了解鸟神星的密度等更多细节。

鸟神星的几个事实：

1 ｜ 鸟神星的尺度只有大峡谷的 3 倍

鸟神星的轨道距离比冥王星多出 50 亿英里。在这个遥远的矮行星上，一天只有 22.5 小时，但这个小世界并不急于围绕太阳绕圈圈，一个鸟神星年是 310 个地球年。这颗矮行星的直径约为 880 英里，约为冥王星的 3/4。

2 ｜ 令人印象深刻的明亮

尽管比冥王星还小，但鸟神星是开伯带中第二亮的天体。它的反射面是大量甲烷冰和乙烷冰。直径达半英寸的冰冻甲烷颗粒让它的寒冷表面成谜，尽管它的距离让人很难确定，但科学家推测这可能是一种红褐色的色调。

3 ｜ 它被称为"复活节兔"

2005 年复活节后的几天，加州理工学院的迈克布朗发现了鸟神星（布朗还发现了矮行星阋神星和妊神星）。在收到正式名称之前，布朗的团队称其为"复活节兔"。对于其他天文学家来说，它的暂定名称是"2005FY9"。

4 ｜ 鸟神星的表面是挥发物

鸟神星不仅仅是太空中的圆形岩石，它还是冥王星的兄弟姐妹。例如，它的表面被甲烷所控制，甲烷是一种高度挥发性化合物，在冥王星的表面也能找到（"挥发性"意味着它可以对温度的变化作出反应）。位于科罗拉多州博尔德西南研究院的高级研究科学家亚历克斯帕克说："随着气温的变化，冥王星的进程受到了表面波动的影响。 如果一颗星球有一个像鸟神星这样的挥发物占主导的表面，那么它的动态过程可能与冥王星相似。"

5 │ 它的卫星后来才被发现

6 │ 用卫星来绘制鸟神星地图

鸟神星的卫星不仅仅是一个天体特征，它也是科学家的工具。当这个 105 英里宽的物体（几乎是巴拿马运河的两倍）和鸟神星在彼此面前经过时，天文学家们可以利用亮度的变化来绘制出鸟神星表面。

7 │ 大部分仍然是神秘的

科学家们还不确定，鸟神星的昼夜循环如何影响它的地貌、地质或大气之间的相互作用。鸟神星卫星的历史和起源也不为人知，但它对科学家提出了其他有趣的问题。研究行星形成的理论学家以及研究天体运动的天文学家，正在修正他们的模型，以解释为什么有卫星是矮行星的一个决定性特征，尤其是在太阳系中有一半的类地行星（水星和金星）缺少卫星的时候。

8 │ 目前还没有访问鸟神星的计划

虽然"新视野号"探测器完成了对冥王星的侦察，但它已经深入到开伯带中，至少要在那里研究另外一个物体。地球上的行星科学家们正在考虑未来的开伯带任务的框架。从长远来看，轨道飞行器将会返回到被访问的天体，并更细致地研究它们，暂时没有访问鸟神星的计划。"考虑到开伯带的多样性，"帕克说："随着我们对这些世界的了解，这将是一个非常激动人心的时刻。"

 # 妊神星巨大红斑

妊神星是开伯带的一颗矮行星，正式名称为 136108 Haumea。妊神星的质量是冥王星质量的 1/3。2008 年 9 月 17 日，国际天文学联合会将这颗天体定为矮行星，并以夏威夷生育之神哈乌美亚为其命名。妊神星的远日距为 51.544 AU，近日距为 34.721 AU，轨道周期为 283.28 年。由于妊神星形状不规则，类似一个椭球，因此其实际尺寸大约是 1960 千米 × 1518 千米 × 996 千米。自转周期大约 3.9 小时。

在被赋予永久名称前，加州理工学院的发现者们曾将妊神星称为"圣诞老人"，以纪念它的发现日 2004 年 12 月 28 日（恰在圣诞节之后）。2005 年 7 月，西班牙团队向小行星中心报告了他们的独立发现。2005 年 7 月 29 日，妊神星得到了首个官方称谓：临时编号 2003 EL61，其中"2003"取自西班牙团队照片的拍摄日期。2006 年 9 月 7 日，妊神星被正式编号为小行星 136108 号 [（136108）2003 EL61]。

按照国际天文学联合会既定的方针，经典开伯带天体应以神话中的创造之神为名，2006 年 9 月，加州理工学院团队向国际天文学联合会提交了他们对（136108）2003 EL61 及其卫星的正式命名，这些名称取自夏威夷神话，用于"纪念发现这些卫星的地点"。因哈乌美亚（Haumea）是夏威夷岛的保育女神，而莫纳克亚天文台正坐落于夏威夷岛。此外，哈乌美亚还被视为大地之母帕帕女神，是天空之父瓦基亚的妻子，因此，以"哈乌美亚"为 2003 EL61 命名也是恰当的选择。与其他已知的典型开伯带天体不同，2003 EL61 没有厚厚的冰幔包裹着的小型岩石核心，而几乎完全以固态岩石构成。另外，作为繁殖与生育女神的哈乌美亚，其众多子女来自她身体上的不同部位，这也契合了在一次远古碰撞中，大量冰体从这颗矮行星上分离出去的事件。两颗已知的卫星亦被认为起源自该事件，并分别以哈乌美亚的两个女儿为名：妊卫一希亚卡（Hi'iaka）和妊卫二纳玛卡（Nāmaka）。

在所有的已知矮行星中，妊神星具有独特的形状。尽管人们尚未直接观测

到它的形状，但由光变曲线
计算的结果表明，妊神星呈
椭球形，其长半轴是短半轴
的两倍。尽管如此，据推算
其自身重力仍足以维持流体
静力平衡，因此符合矮行星
的定义。天文学家认为，妊
神星之所以具备形状伸长、
罕见的高速自转、高密度和
高反照率（因其结晶水冰的
表面）这些特点，是超级碰
撞的结果，这让妊神星成为
碰撞家族中最大的成员，几
颗大型的海王星外天体及妊
神星的两颗已知卫星亦是该
家族的成员。

▲ 妊神星及其卫星

2005 年，望远镜获取
到的妊神星光谱表明，妊神
星表面类似于冥卫一，富含

▲ 妊神星的红斑

大量结晶水冰。这一发现是独特的，因为结晶冰形态形成于 110K 的温度下，
而妊神星的表面温度低于 50K，在此温度下通常会形成无定形冰。此外，在宇
宙射线的持续照射和太阳高能粒子对海王星外天体的轰击下，结晶冰的结构很
难保持稳定。在这些轰击下，结晶冰通常需要数千万年的时间转化为无定形冰，
而在几千万年前，海王星外天体就一直处于和现在相同的低温位置上。此外，
辐射损害还会让海王星外天体的表面出现有机冰和类托林成分，从而变得更红、
更暗，冥王星正是如此。因此，根据光谱和色指数观测结果推测，妊神星及其
家族成员在近期曾经历过表面翻新的事件，重新覆盖上了一层冰。但是，目前
还没有提出一种可以合理解释其表面翻新机制的理论。

妊神星表面雪亮，反照率的范围在 0.6~0.8，与其富含结晶冰的推论一致。

根据表面光谱的最佳拟合模型，妊神星表面有 66%~80% 的区域被纯结晶水冰覆盖，为高反照率做出贡献的另一种物质可能是氰化氢或层状硅酸盐，铜钾等无机氰化盐亦有可能存在。

2009 年 9 月，天文学家在妊神星亮白色的表面上发现了一大块暗红色的斑点，这有可能是一次撞击的遗迹。造成该地区颜色与众不同的成因暂且未知，有可能是由于这一地区较其他地区的矿物和有机化合物含量更高，或存在着更多的结晶冰。

妊神星已经被发现的卫星有两颗：妊卫一和妊卫二。两颗卫星均由布朗团队在 2005 年使用凯克天文台观测妊神星时发现。

妊卫一发现于 2005 年 1 月 26 日，加州理工学院团队曾将其称为"鲁道夫"（传说中为圣诞老人拉雪橇的驯鹿之一）。妊卫一较靠外侧，直径约为 310 千米，是两颗卫星中较大、较亮的一颗，以近圆形的轨道环绕妊神星公转，公转周期为 49 天。妊卫一对 1.5 微米和 2 微米的红外线有着强烈的吸收能力，与其表面大部分区域覆盖有结晶冰的现象相一致。

体积较小且靠近里侧的妊卫二，发现于 2005 年 6 月 30 日，曾被称为"布立增"。其质量仅有妊卫一的十分之一，公转轨道为非开普勒轨道，呈高度椭圆形，公转周期为 18 天。

▲ 妊神星的环

除了有两颗卫星，妊神星亦被发现具有环的构造。2017 年 1 月 21 日，妊神星和牧夫座的恒星 URAT1 533-182543 发生掩星现象，当奥尔蒂斯等人借由这次的掩星研究妊神星时，意外发现妊神星有半径约 2287 千米，宽约 70 千米的环。这次观测的结果在同年 10 月 11 日出版的《自然》期刊发表。这是首度在海王星外天体发现环构造。环的透光率约为 0.5，自转周期约是妊神星的三倍。

"阋神"挑战"阎王"

阋神星是太阳系的矮行星,估测直径为(2326±12)千米,而冥王星的直径是(2376.6±3.2)千米,阋神星比冥王星小。但在 2006 年 8 月召开第 26 届国际天文学大会时,却认为阋神星比冥王星大,这也是冥王星降级的一个原因,这显然是一个"冤假错案"。阋神星的质量是地球的 0.27%,比冥王星重约 27%。它由迈克尔·布朗、乍德·特鲁希略和大卫·拉比诺维茨在 2005年 1 月 5 日,从一堆 2003 年 10 月 21 日拍摄的相片中被发现,并在 2005 年 7 月 29 日与 2003 EL61 一起公布,当时它的暂时编号为 2003 UB313,名字暂称为西娜(Xena,美国电视剧《战士公主西娜》的女主角)。2005 年 10 月,更深入地观测发现,阋神星有一个卫星,之后这颗卫星被命名为迪丝诺美亚(Dysnomia)。

厄里斯(Eris)是希腊神话中的不和女神,她在敌对双方间散布痛苦和仇恨,她因为没有被邀请参加珀琉斯和忒提斯的婚礼而怀恨在心,抛下了一个刻有"献给最美的人"的金苹果,引起了一连串的纷争与混乱。用 Eris 给这颗天体命名再确切不过了,正是这颗天体的发现,引得天文学界争论不休。

发现之初,阋神星的中文名称颇为纷乱,有

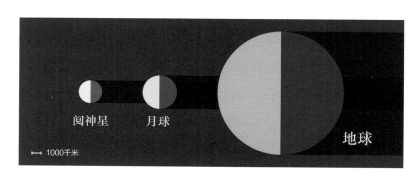

▲ 阋神星大小与月球和地球比较

采用音译者,亦有意译者,莫衷一是。2007 年 6 月 16 日,在扬州召开的天文学名词审定委员会工作会议上,专家鉴于发现矮行星 Eris 影响太阳系的行星分类与定义,经过大家充分的意见表达与沟通后,以两阶段投票表决的形式确定了中文采用意译,译名为"阋神星",同时将其卫星 Dysnomia 定名为"阋卫一"。

▲ 阋神星及其卫星艺术图

阋神星的轨道参数：远日点为 97.56AU，近日点为 37.77AU，半长轴为 67.67AU，轨道周期为 557 年，轨道倾角是 44.187°。

阋神星被发现之后，科学家利用光谱仪对它进行了详细观测。他们于 2005 年 1 月 25 日动用了位于夏威夷的 8 米口径北双子望远镜进行观测，并从光谱仪的红外线资料中发现阋神星表面有甲烷冰，这意味着阋神星的表面与冥王星很相似。另外，海卫一的表面也拥有甲烷，人们认为它也与海王星外天体有关。由于甲烷具有高挥发性，因此可推测出阋神星长时间都处于太阳系的远处，使它的甲烷冰不会因为来自太阳的辐射热而挥发。

由于遥远的偏心轨道，阋神星表面温度估计在 −243.15℃ ~−217.15℃（30K~56K）之间。不像冥王星和海卫一那样略带红色，阋神星呈现出灰色。冥王星的微红色是由表面沉积的托林所反映出来的，这些沉积物使得表面更加灰暗，更低的反射率会导致较高的温度并使甲烷蒸发。与此相反，阋神星离太阳足够远，即使表面反射率较低也能够使甲烷在其表面凝结。这些在行星表面凝结的甲烷能够更加降低反射率并覆盖红色的托林。

即使阋神星至太阳的距离是冥王星的三倍，它也有离太阳足够近的时候，其表面温度也可能升高到部分的冰都开始升华。甲烷是极易挥发的，它的存在说明要么阋神星一直处于远离太阳系的位置从而保持甲烷冰的存在，要么就是星体内有一个甲烷的内部来源来补充从大气中逃脱的气体。这和另一个新发现的海王星外天体——妊神星表面不同，妊神星表面覆盖的是水而不是甲烷。

 # 创神受到碰撞

创神星的正式名称为 50000 Quaoar，中文音译为夸欧尔，是由美国加州理工学院的两位天文学家布朗和特鲁希略于 2002 年 10 月 7 日发现的开伯带天体。"夸欧尔"一词源自美国原住民通格瓦部族神话的创世之神，所以中文的正式译名为创神星。

根据天文学家初步计算，创神星距离地球约 41~45AU，公转一周需 286 年。创神星于 2011 年 4 月遮掩一颗恒星，天文学家借此估计创神星直径最大是 1170 千米，并得知创神星外形细长。赫歇尔空间天文台新的测量数据与哈勃空间望远镜修正后的数据显示创神星直径为（1070±38）千米，创卫一则为（81±11）千米。

行星科学家埃里克·阿斯普豪格认为，创神星可能曾经撞上一个更大的天体，于是创神星密度较低的地幔脱离，只留下密度高的核心。他的设想是创神星最初是由冰雪覆盖，使得其直径比现在多出 300~500 千米，后来创神星与是它两倍大小左右的开伯带天体相撞。该天体的直径大小大约是冥王星的直径，该天体有可能就是冥王星。

2004 年，科学家找到创神星表面有冰晶体存在的迹象，意味着它的温度在 1000 万年间从 −220℃ 升至 −160℃。一些理论指出其温度上升的原因是因为它曾连续被无数的小流星体冲撞，天体表面被加热，但最引人注目的理论仍是创神星的内核可能出现放射性物质衰变引起的冰火山活动。

科学家相信创神星与不少开伯带天体相似，均是由岩石和冰的混合物构成的，但其反照率之低意味着天体外层的冰已消失。

彗星从此出发

彗星通常被分为两个主要的家庭，这取决于它们围绕太阳的轨道。奥尔特云彗星来自一个大约在 2000 到 20 万个天文单位之间的球形区域，通常有大约 100 万年的轨道周期。木星－家族彗星的轨道受到木星引力的强烈影响，通常需要接近 20 年的时间才能绕太阳运行。

短周期彗星通常被定义为那些轨道周期小于 200 年的彗星。它们通常在黄道平面上，或者或多或少地在与行星相同的方向上运行。它们的轨道通常会把它们带到外行星（木星和更远的地方）的区域。例如，哈雷彗星的远日点超出了海王星的轨道。在一个主要行星的轨道附近的彗星被称为"家族"。这样的家族被认为是由这个星球产生的，它们将以前的长周期彗星捕获到更短的轨道上。

在较短的轨道周期中，恩克（Encke）彗星的轨道不能到达木星，近日点和远日点分别为 0.3380AU 和 4.0937AU，离心率 0.8474，轨道周期 3.2984 年，是所有彗星中最短的，亮度微弱，凝聚度较小，一般不产生彗尾。一般将轨道周期小于 20 年，低倾角（不超过 30 度）的彗星称为传统的木星 - 家族彗星（JFCs）。像哈雷彗星这样的轨道周期在 20~200 年，并且有从 0 度到 90 度的倾角的彗星，被称为哈雷彗星型（HTCs）。到 2018 年，只有 82 个哈雷彗星型被观测到，而木星家族彗星有 659 个。

最近发现的主带彗星形成了一个独特的类，在小行星带中绕着更圆的轨道运行。因为它们的椭圆轨道经常使它们靠近巨大的行星，所以彗星会受到进一步的引力扰动。82 个短周期彗星有一种倾向，它们的远日点与某一个巨大的行星的半长轴重合，而木星家族彗星是最大的一组。很明显，来自奥尔特云的彗星经常会由于近距离接触而受到巨大行星引力的强烈影响。木星是最大的扰动的来源，它的质量是其他行星总和的两倍多。这些扰动可以使长周期彗星进入较短的轨道周期。

根据它们的轨道特征，短周期彗星被认为起源于半人马和开伯带 / 分散盘（一个海王星外地区的天体盘），而长周期彗星的来源被认为是更遥远的球形奥尔特云。大量的彗星样的天体在这些遥远的区域以大约圆形的轨道围绕太阳运行，偶尔外行星（若该天体是开伯带天体）或附近的恒星（若该天体是奥尔特云天体）的引力作用可能会将其中一个天体送入椭圆轨道，使其向太阳靠近，形成一颗可见的彗星。与周期性彗星的回归不同，彗星的轨道是由之前的观测所确定的，而新彗星的出现是不可预测的。

 # 类冥天体一家

国际天文学联合会在 2008 年 6 月 11 日于挪威首都奥斯陆定义了类冥天体：类冥天体是在比海王星更远的距离上环绕太阳运转的天体，有足够的质量以自身的重力克服流体静力平衡，是形状接近球体，但是未能在轨道上清除邻近的小天体。

相应的，类冥天体可以被视为是矮行星和海王星外天体的交集，即海王星外的矮行星。在 2008 年，冥王星、阋神星、鸟神星和妊神星是仅有的类冥天体，但还有多达 42 个天体可能会被纳入这一分类中。

在矮行星这个类别被创建之后，国际天文学联合会就要负责理清一些介于二者之间含糊不清天体的命名问题。阋神星是由国际天文学联合会小天体命名委员会和行星系统命名原则工作群组相互合作命名的，国际天文学联合会也在 2008 年 6 月 11 日的会议中决定由这两个小组合作为新的类冥天体命名。在维持小行星的命名原则下，发现的团队仍有建议名称的优先权，并且类冥天体不会与太阳系小天体同名。目前有冥王星、阋神星、鸟神星和妊神星四颗矮行星是已经被承认的类冥天体。

天体	英文名	编号	半径（千米）	质量（10^{21}千克）	平均轨道半径（天文单位）	分类
2007 OR$_{10}$		225088	640 ± 105	2	67.21	离散盘
冥卫一	Charon	Pluto I	604 ± 2	1.52	39.26	冥族小天体或卫星
创神星	Quaoar	50000	555 ± 3	1.4	43.58	QB1天体
赛德娜	Sedna	90377	498 ± 40	0.8	518.57	离散盘或内奥尔特云
2002 MS$_4$		307261	470 ± 30	0.7	41.93	QB1天体或离散盘
亡神星	Orcus	90482	460 ± 10	0.64	39.17	冥族小天体
漤神星	Salacia	120347	430 ± 20	0.45	42.19	QB1天体或离散盘

▲ 候选矮行星（直径大于 800 千米）

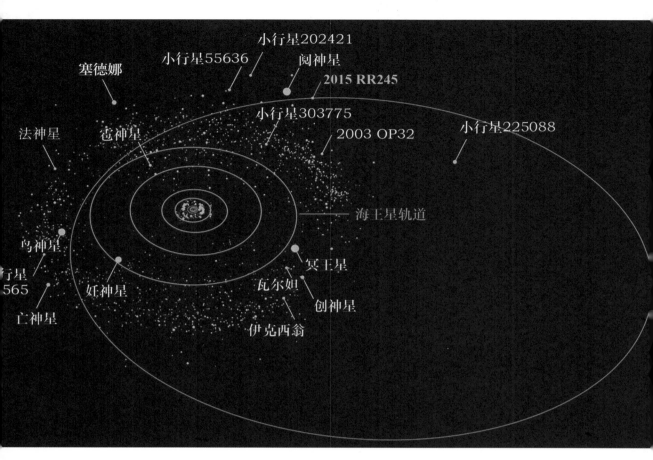

▲ 开伯带内发现的较大天体

从前面我们列举的一些类冥天体情况看，这类天体共同的特点是都在开伯带，都是冰冻天体。尽管我们对其特点了解不多，但是把这类天体划归为一类，并进行对比研究，可以深入了解开伯带天体的共同特征。与之对比，谷神星本是小行星主带的最大小行星，其特性与开伯带天体有很大不同，把这颗小行星与冥王星等四颗类冥天体放在一类，对深入研究这些天体的特性有什么意义呢？进一步思考，划分矮行星又有什么意义呢？

第 6 章

冥王星探测

冥王星如此神秘，人类从未停止过
探索它的脚步。
那么，人类曾经做出过哪些对冥王
星的探索呢？
未来，科学家们有什么探索冥王星
的计划呢？
这一章，我们来谈谈冥王星探索的
过去和未来。

早期的任务建议

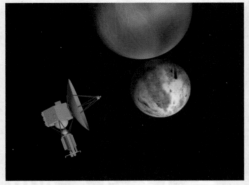

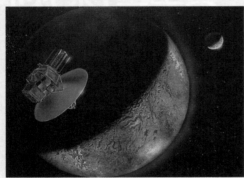

▲ 冥王星－开伯带快车示意图

　　自从克莱德·汤博于 1930 年发现冥王星以来，人们就开始考虑探索冥王星，但冥王星质量小，距离地球又远，是一个巨大的挑战。"旅行者号"探测器于 1977 年发射，目的是探测木星和土星。"旅行者号"也有能力对其他目标进行长期探测，但最后没有选择冥王星，而是选择了土卫六、天王星和海王星。

　　"旅行者 1 号"探测器于 1997 年 9 月发射，在 1980 年飞越土星后的众多选择之一是，在 1986 年 3 月利用土星的引力助推作用飞往冥王星。然而，科学家们认为，在土星相遇时对土卫六的飞越是一个更重要的科学目标。此后对冥王星的飞越是没有可行性的，因为接近土卫六意味着探测器也处在被抛向黄道之外的轨道上。由于当时没有任何一个太空机构计划对冥王星进行探测，因此多年来

冥王星一直被忽略。

"旅行者 2 号"探测器于 1977 年 8 月发射升空，接近木星、土星、天王星和海王星。在与海王星相遇后，"旅行者 2 号"的轨道已经不允许它再飞往冥王星了。

1992 年，美国国家航空航天局（NASA）喷气推进实验室（JPL）提出了冥王星快速飞越任务，这被称为冥王星快车，最终被称作冥王星 – 开伯带快车。这个项目当时被推迟了，在 2000 年任务被取消了，美国国家航空航天局给出的原因是超支。冥王星 – 开伯带快车的取消激怒了太空探索界，这导致了一些团体，如行星协会，游说美国国家航空航天局重启冥王星 – 开伯带快车或重启对冥王星的探测任务。

1989 年 5 月，艾伦·斯特恩（Alan Stern）和弗兰·巴格纳尔（Fran Bagenal）等科学家和工程师组成了一个名为"地下冥王星"（Pluto Underground）的联盟。地下冥王星组织发起了一项写信运动，旨在让人们注意到冥王星是一个可行的探测目标。1990 年，由于来自科学界的压力，包括来自民间冥王星组织的压力，NASA 的工程师们决定制订冥王星探测任务的计划。当时，人们认为冥王星的大气层会在冬天结冰并降落到表面，因此人们希望有一架轻型航天器能够在这样的事件发生之前到达冥王星。最早的计划之一是 40 千克重的探测器在 5 到 6 年内到达冥王星。然而，这个想法很快就被放弃了，因为在这样一个大小的探测器上将科学仪器小型化是不可能的。

另一个被称为冥王星 350 的任务计划是由哥达太空飞行中心的三位科学家共同发起的。冥王星 350 计划送一艘重达 350 千克的探测器去冥王星。探测器极简单化的设计是为了让它旅行得更快、更

▲ 冥王星 350 计划

划算。然而，冥王星 350 后来在美国国家航空航天局的任务规划者中引起了争议，他们认为该项目规模太小，风险太高。

　　另一项曾被考虑过的方案是向冥王星发射"水手马克 II 号"（Mariner Mark II），它重达 2000 千克，耗资 32 亿美元，与冥王星 350 的 5.43 亿美元形成鲜明对比。在这两个项目竞争时，冥王星 350 更受到美国国家航空航天局任务计划者的青睐，他们偏向于启动更小的任务，如火星探路者和尼尔—舒马克小行星探测器。

▲ 水手马克 II

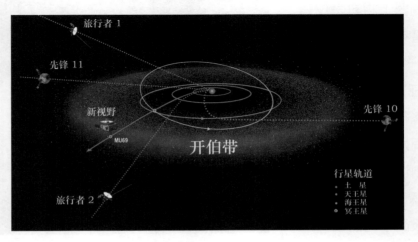

▲ 曾飞过开伯带的探测器

 # 新视野完成使命

1 | 概况

"新视野号"（New Horizons）又译"新地平线号"，是美国国家航空航天局研制发射的旨在探索冥王星和开伯带的无人行星际探测器，它是第一艘飞越和研究冥王星和它的卫星（冥卫一、冥卫二和冥卫三）的空间探测器。美国国家航空航天局已经批准它飞越一个或两个开伯带天体。

经过几次发射延期后，"新视野号"探测器于 2006 年 1 月 19 日在卡纳维拉尔角发射，直接进入地球和太阳逃逸轨道，在最后关闭发动机时相对于地球的速度是 16.26 千米 / 秒，或 58536 千米 / 时。因此，它是有史以来以最快的发射速度离开地球的人造物体。2015 年 7 月 14 日，"新视野号"探测器飞越冥王星系统。随后，继续进入开伯带。

经过与小行星 132524 APL 一个短暂的相遇后，"新视野号"探测器飞往木星，2007 年 2 月 28 日最接近木星的距离为 2.3×10^6 千米。飞越木星时提供的引力助推使其速度增加了 4 千米 / 秒（14400 千米 / 时）。与木星相遇也被用来作为"新视野号"探测器科技性能的全面测试，传回关于行星的大气层、卫星和磁层的数据。在飞越木星后，探测器继续前往冥王星。在木星后的大部分旅行中，探测器是处于休眠模式的，以保护探测器上的系统。在 2006 年 9 月，"新视野号"探测器第一次拍摄了冥王星，然后是在 2013 年 7 月拍摄了区分冥王星和它的卫星冥卫一作为两个单独的对象的图像。无线电信号从"新视野号"探测器传播到地球需要用 4 个多小时。

2015 年 7 月 14 日，"新视野号"探测器距离冥王星 12500 千米，是旅程中最接近冥王星的位置，它成为第一艘探索冥王星的航天器。

2 | 发射窗口

2006 年 1 月 11 日至 2 月 14 日处于一段"发射窗口"时间内，这个时间段发射探测器飞往冥王星再合适不过。若探测器于 2007 年 2 月经过木星，利用木星引力加速直奔冥王星，可望于 2015 年 7 月到达，全程需时 9 年多。

"新视野号"探测器若未能在 2006 年 2 月 2 日前发射,而在 2 月 14 日 "发射窗口"限期前出发,则探测船就不能经过木星,而须直接飞往冥王星。若 未能借助木星引力助推,则需较长飞行时间,估计最快要 2018 年才能到达。 错过这次"发射窗口",下一次将会是 2007 年 2 月 2 日至 15 日,探测器直飞 冥王星,预计在 2019 年到达。

3 | 探测器结构

"新视野号"探测器由三个主要部分构成:动力系统,包括提供全艘探测船 所有电力的核能电池,以及调节探测船位置的发动机;通信系统,包括高增益 天线及低增益天线,是与地球保持联络的装置;科学平台,是安装所有探测仪 器的地方,并提供有效使用仪器的工作环境。

"新视野号"探测器的动力皆来自一台核能电池,即放射性同位素热电电 源,这台发电机利用放射性同位素二氧化钚自然衰变时所释放出来的热能,以 电热隅形式发电。由于冥王星距离太阳太远,阳光由太阳去到冥王星需要 5.5 个小时,在冥王星附近接收到的太阳能只及地球的千分之一,探测器无法利用 太阳能产生足够的能量供活动所需,因此核能电池是唯一的选择。探测器由一 台发动机提供转向动力,用以调节探测器姿态,修正飞向冥王星的轨道。

"新视野号"探测器安装了一个直径 2.1 米的高增益天线,能够与地球的深

▲ "新视野号"探测器

110

空网络保持联系，接收来自地球的指令，并将收集到的科学资料输送回地球。另外，安装在高增益天线正上方的是低增益天线，是高增益天线的后备，以备不时之需。高增益天线有两条频带收发信号，频谱宽阔，上传下载速度高；相比之下，低增益天线只有一条窄频带，效率较低，但是在紧急情况之下，可以顶替高增益天线的工作。该碟型天线也能充当屏障，挡下迎面来的碎屑、微粒，保护设备，不会损及天线功能。

科学平台有 7 种科学探测仪器，它们分别是：Ralph 影像及红外线成像仪 / 分光计、电波科学实验、Alice 紫外成像光谱仪、长距离探测成像仪、太阳风分析仪、离子质谱仪和宇宙尘埃分析仪。

4 │ 飞行路径与时间节点

早期巡航：最初的 13 个月包括飞船和仪器校验，小的轨迹修正演习和木星相遇的排练。2006 年 4 月 7 日，"新视野号"探测器穿过火星轨道；它还在 2006 年 6 月追踪到一颗小行星，后来这颗小行星被命名为 132524 APL。

木星相遇：2007 年 2 月 28 日，距离木星最近，最近距离为 230 万千米，是"卡西尼号"探测器最近距离的 3~4 倍。

行星间巡航：在大约 8 年的巡航期间，冥王星的活动包括每年一次的飞船和仪器校验、轨迹修正、仪器校准和遇到冥王星的排练。在巡航期间，"新视野号"探测器还飞越了土星（2008 年 6 月 8 日）、天王星（2011 年 3 月 18 日）和海王星（2014 年 8 月 25 日）的轨道。

冥王星系统相遇：2015 年 1 月，"新视野号"探测器进入了几个接近阶段中的第一个阶段。2015 年 7 月 14 日，"新视野号"探测器首次近距离飞越冥王星。在最近的一次接近中，该探测器距离冥王星约 12500 千米，距离冥卫一约 28800 千米。

飞越冥王星，探测开伯带天体："新视野号"探测器有能力飞越冥王星系统，探索其他开伯带天体。它携带额外的联氨燃料进行探索开伯带天体的飞行，它的通信系统被设计成可以在冥王星以外的地方工作，它的科学仪器甚至可以在比冥王星微弱的阳光还要低的光线下工作。"新视野号"探测器于 2019 年 1 月 1 日飞越并探测了开伯带天体 2014 MU69（绰号"天涯海角"），拍摄到清晰图像，这是人类探测器目前所能到访的最远的天体。

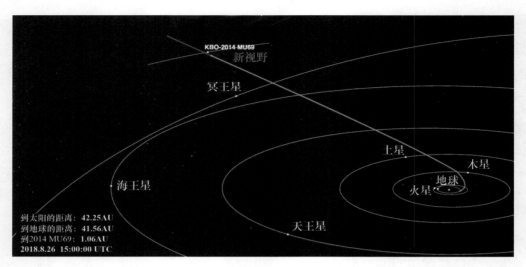

到太阳的距离：42.25AU
到地球的距离：41.56AU
到2014 MU69：1.06AU
2018.8.26 15:00:00 UTC

▲ "新视野号"探测器轨道

▲ "新视野号"探测器探测想象图

未来的任务概念

1 | 冥王星轨道器

2015 年夏天，"新视野号"探测器首次近距离拍摄了冥王星的图像，但是许多人开始觉得仅仅飞过冥王星一次是不够的。一些科学家认为，我们必须回过头来仔细研究矮行星，这一次，我们需要把一艘探测器送入环绕冥王星的轨道。

2017 年 4 月，包括"新视野号"任务的首席科学家艾伦·斯特恩（Alan Stern）在内的数十名行星科学家聚集在休斯敦的一个研讨会上，讨论冥王星的后续探测任务。据斯特恩说，自从冥王星的第一张照片从"新视野号"探测器传回以来，这个研讨会已经进行了两年。这些图像显示冥王星是一个地质活跃的世界，拥有广阔的氮冰平原和高达 11000 英尺的山脉。根据探测器收集到的图像和数据，甚至有人推测冥王星表面下有一个液体海洋，尽管它距离太阳约 36.7 亿英里。"新视野号"探测器对冥王星的探测已经过去，但冥王星不仅使新视野团队的人震撼，还有其他科学会议上的人。他们认为应该回过头来继续研究冥王星。

斯特恩等科学家认为，最好的办法是把轨道器发射到冥王星。当"新视野号"探测器飞越冥王星时，科学家们获得了迄今有关冥王星的最多的数据，而探测器只捕捉到了遥远世界的一面。由于它只飞了一天，它也没有看到冥王星随时间的变化。如果我们发射一颗轨道器，我们可以绘制出冥王星百分之百的地图，甚至是完全处于阴影中的地形。我们可以观察当冥王星在它的轴上旋转时事物是如何变化的。

目前还没有正式制订冥王星轨道器的计划，没有确定轨道器的具体任务是什么样的。但斯特恩和其他人设想，一颗轨道器将在冥王星停留至少三到四年，并围绕该系统运行，有点像美国国家航空航天局的"卡西尼号"探测器。"卡西尼号"探测器围绕土星飞行的路线多种多样，它靠近土星的卫星，这些卫星就像重力弹弓一样，将其送入环绕土星的不同轨道。未来的轨道器也可以对冥王星最大的卫星冥卫一做同样的事情，通过这种方式，探测器可以重新定向，并访问冥王星小而陌生的卫星，如冥卫二和冥卫三。

轨道器不仅可以接近冥王星的卫星，而且有可能更接近冥王星本身。轨道器可以更接近地表，获得分辨率更高的图像。这将使我们能够观察到冥王星表面非常精细的细节，并能看到更小的陨石坑。

轨道器还可以配备不同于"新视野号"探测器的仪器，如可以直接对大气进行采样的仪器，或者帮助确定地表下是否存在液体的仪器。此外，一种对冥王星进行红外激光脉冲的仪器可以用来计算处于长期阴影中的冥王星部分区域的高度差。冥王星的部分表面在很长一段时间内看不到阳光，这种激光仪器可以用来探测那些在黑暗中难以看见的地方。

轨道器在接近冥王星系统时需要额外的推进剂来帮助自己减速，这需要一个比"新视野号"探测器更大的推进剂舱。但斯特恩认为，轨道器可以采用离子推进，就像美国国家航空航天局的"黎明号"小行星带任务一样，这比传统的使用化学燃烧的太空推进方法更省油。此外，冥王星的轨道器

▲ 冥王星轨道器想象图

需要一个非常不同的通信系统。"新视野号"探测器的飞越数据占据了飞船存储系统的很大一部分，将所有信息传回地球需要一年零三个月的时间。探测冥王星的轨道飞行器将会获得比"新视野号"探测器所收集到的更多的数据，需要找出新的方法来及时地将所有的信息传送到地球。

斯特恩说，在冥王星发现 100 周年之际，即在 2030 年发射将具有重要的

纪念意义。探测器将花费七八年时间前往这颗矮行星，然后可能花四五年时间研究冥王星和它的卫星。当探测器在那里的工作完成后，可能会利用最后一次冥卫一飞越来逃离冥王星系统，并朝着开伯带的另一个天体飞去。

2 | 冥王星着陆器

在具有历史意义的"新视野号"探测器飞越冥王星仅仅两年后，全球航空航天公司（GAC）提出了一个以冥王星着陆器为特点的返航任务。这个任务的名称为"冥王星跳跳跳"，其特点是一个整体飞船可以每小时减速超过48300千米，并安全在冥王星表面软着陆。该探测方案是由公司代表在2017年美国国家航空航天局创新先进概念研讨会上提出来的。

▲ 冥王星着陆器

着陆器工作程序：（1）接近行星际速度，大约14千米/秒；（2）减速展开；（3）进入并通过大气层下落；（4）分离、平移和着陆；（5）有推进力的跳跃、跳跃以及表面探测。

着陆器将利用来自冥王星稀薄大气的阻力和少量推进剂来减速，一旦着陆，它将采用一种跳跃模式，有时连续跳跃几十千米到数百千米，以探索有趣的表面特征。冥王星的表面压力只有地球的千万分之一，但它的大气层非常分散，从表面上方延伸到1600千米处。这种超长、超低密度的大气非常适合通过空

气动力阻力的方式消耗大量动能，但关键是要使阻力面积非常大，同时保持系统重量在最低限度内。要成功地利用冥王星稀薄大气的阻力减速，进入大气层的飞船外形必须有足球场那么大。该提议要求测试近地轨道的飞行器原型，将其放置在立方体卫星上，由国际空间站或运载火箭作为二次有效载荷释放。

这项任务的科学目标包括更多地了解冥王星的起源及其与太阳系中较大的行星和开伯带天体的关系；研究释放气体的过程，如低温火山作用，以更好地了解地下和大气之间的相互作用；研究多地表的地貌学；通过对冥王星地壳的取样来寻找地下海洋；测量大气压力和温度以证实"新视野号"探测器的发现。"冥王星跳跳跳"任务也被设想为美国国家航空航天局的新前沿探索任务。

3 │ 使用核聚变的轨道器和着陆器

直接聚变驱动提供了改变游戏规则的推进和动力能力，将彻底改变行星际旅行。直接聚变驱动基于在普林斯顿等离子体物理实验室开发的普林斯顿场反向结构聚变反应堆，是用着陆器运送冥王星轨道器。直接聚变驱动提供高推力，可以缩短到达冥王星的运送时间，同时可以将很大的质量送到轨道：在 4 年内可运送 1000 千克。由于直接聚变驱动在集成设备中提供动力和推进，它也将在到达冥王星时为有效载荷提供高达 1 兆瓦的动力。这使得高带宽通信、从轨道上给着陆器供电、扩展仪器设计的选择成为可能。

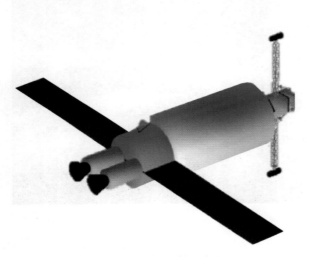

▲ 直接聚变驱动探测器

直接聚变驱动是一种独特的聚变发动机概念，物理上是接近可行的，可以显著提高外行星任务的能力。这里提出的应用于冥王星任务是可信的，是令人兴奋的，给冥王星任务和所有其他外天体任务带来的好处是难以想象的。

知识总结

写一写你的收获

第 7 章

"老九"该不该走?

曾经,冥王星是太阳系中最神秘的第九大行星。

2006年,一场会议将它排除出了行星之列。

"老九"到底该不该走?

对行星的定义真的科学合理吗?

这一章,让我们了解一下国际上的不同声音。

 冥王星 的故事

矮行星的概念有意义吗？

长期以来，人类对行星没有一个严格的定义。在中国大百科全书中，行星的定义为：绕恒星公转、质量小于太阳质量千分之一的近似球形的天体。这里只给出质量的上限，没有明确质量的下限，这样就没有区分大行星与小行星的标准。

2006 年 8 月，国际天文学联合会（IAU）明确提出了行星的定义。根据这个定义，将冥王星定为矮行星。这样，行星家族就剩下 8 颗。国际天文学联合会对太阳系三类天体提出的定义是：

一颗行星是一个天体，它满足:（1）围绕太阳运转;（2）有足够大的质量来克服固体应力以达到流体静力平衡的（近于圆球）形状;（3）清空了所在轨

▲ 冥王星家族

120

道上的其他天体。一般来说,行星的直径必须在 800 千米以上,质量必须在 5×10^{17} 吨以上。

一颗矮行星是一个天体,它满足:(1)围绕太阳运转;(2)有足够大的质量来克服固体应力以达到流体静力平衡的(近于圆球)形状;(3)没有清空所在轨道上的其他天体;(4)不是一颗卫星。到 2008 年 9 月 17 日,IAU 确认 5 颗天体为矮行星:冥王星(Pluto)、谷神星(Ceres)、阋神星(Eris)、鸟神星(Makemake)和妊神星(Haumea)。

2008 年 6 月 11 日,国际天文学联合会定义了一类新的天体——类冥王星(Plutoid):(1)围绕太阳公转,轨道在海王星之外;(2)有足够大的质量来克服固体应力以达到流体静力平衡的(近于圆球)形状;(3)没有清空所在轨道上的其他天体;(4)同时不是一颗卫星。目前符合"类冥王星"定义的除了冥王星之外,还有阋神星、鸟神星和妊神星。谷神星则不符合"类冥王星"的定义,因为它位于火星和木星之间的小行星主带之中。

根据上述行星的定义,冥王星不符合行星的条件,原因是它位于开伯带,那里的天体太多了,无论冥王星有多大,都不可能清空那里的众多天体。显然,这个规定就是针对冥王星来的。

另外,将冥王星"开除"行星行列的另一个重要因素是新的发现与现实发生矛盾。如阋神星(Eris)位于开伯带,它的体积和质量都大于冥王星(当时的认识)。那么阋神星应称为行星呢还是小行星?如果是小行星,它比大行星还要大,这是矛盾的;如果增加一颗行星,又担心行星的数量过多,对人的传统观念产生严重的冲击。但是,现在不存在这个问题了,最新的观测已经表明,冥王星的体积比阋神星大,大家看看,这不是闹了个天大的笑话吗?

 # 新结果说明了什么？

　　2006 年 1 月 19 日，美国发射了"新视野号"探测器，探索冥王星和开伯带，这是人类从未探索的天体和区域。在 2015 年 7 月 14 日，"新视野号"探测器飞越冥王星，在最靠近冥王星的半小时，探测器上的可见光及红外相机对冥王星和冥卫一进行摄像，图像可清楚地辨别这两颗天体的特征。"新视野号"探测器的探测结果表明，冥王星异常迷人，它不只是太阳系尽头某个由岩石和冰组成的无聊球体，而是有一个地质动态的世界。它光滑的表面表明它的地壳一直在不断重塑自己，抹去撞击坑。天文学家甚至推测，在冥王星的心形盆地下面可能有一个充满活力的海洋。当我们看到冥王星上许多有着熟悉特性的冰山、氮冰川、蓝天与层层烟雾，我们自然会想到：老九不能走！

▲ 老九不能走

对行星定义的质疑

对行星定义的质疑主要在两方面，一是如何理解"清除临近区域"，二是太阳系内的行星与系外行星有什么不同。

"清除邻近区域"（clearing the neighbourhood）是指这颗星体是它轨道上最大的那颗星体，而这颗星体要有足够的质量把它轨道周围的其他星体清除，这就好像在一片铺平的铁屑之中，用一块磁铁沿直线扫过这片地带，这块磁铁会沿路吸取更多的铁屑而变得越来越大。我们太阳系中的巨大气体行星就是这样形成的：巨大的引力使它周围的星体都纷纷撞到它的表面上。

但是部分科学家认为"清除邻近区域"一词本身的含义就不是很明确，不可能在行星和矮行星之间划下一条明确的界线，因为不仅地球、火星、木星，即使海王星也未能完全清除在它们附近的碎片，这样，在国际天文学联合会的定义下没有一个天体可以成为行星。例如，地球轨道附近除了有自己的卫星月球外，还有大量的近地小行星，而这些近地小行星的轨道是不断变化的，哪些算是被地球清除了？在与木星同一轨道上，有大量的脱罗央小行星。此外，木星的卫星数量是惊人的。最大的卫星比行星水星还要大，这些天体算不算在应被清除之列？

冥王星位于开伯带内，这个区域确实有许多天体。但是，哪些天体属于冥王星应清除之列？国际天文学联合会的定义并没有在这一术语上附加特定的数字或方程式。冥王星轨道与海王星轨道有交叉，这也能算作没有清除临近区域的理由吗？

有一位天文学家提出，是否能够证明地球实际上是自己清除了它的轨道区域？有些人认为这是可以证明的，但是如果实际上是木星或太阳在地球附近发挥了更多的清理作用，那看起来不也是由地球完成的吗？这么说来地球难道不是一颗行星吗？另一个例子：如果我们有一天发现，在太阳系遥远的外缘有一个像海王星一样大的天体，那我们怎样定义这个天体？我们不认为那里有太多的物质，这样的天体肯定是被抛射到那样一个遥远的地方。像这样的物体不可能清除它自己的区域，因为周围没有什么可以清除的。另一种表达反对意见的方法是明明是同样的物体，放在太阳周围的不同位置，就会以不同的方式分类。对很多学者来说，这是一个糟糕定义的典型。

还有的科学家认为，在行星定义中不应该加入"清除邻近区域"这一条。在其他科学领域，类似的做法也是荒谬的，河流是一条河流，与附近是否有其他河流无关。在科学中，我们称事物是基于其属性的东西，而非基于它们旁边的东西。

截至 2019 年 2 月 14 日，人类已经证实的系外行星有 3979 颗，行星系统 2973 个。这些行星并不围绕太阳运行，而是围绕系外恒星运行。新的行星定义排除了所有不绕太阳运行的行星，这意味着银河系中数千亿颗系外行星根本就不是行星，至少根据国际天文学联合会的说法是这样。这些天体不属于行星，那是什么天体呢？还有的系外行星与太阳系内的有许多不同，如有的行星不是围绕恒星运行，而是围绕着一个共同质心旋转。因此，一个严谨的行星定义，不仅要考虑太阳系的情况，还要兼顾系外行星。

投票方式合法吗？

2006 年 8 月 24 日，国际天文学联合会大会投票决定，不再将传统九大行星之一的冥王星视为行星，而将其列入"矮行星"。许多人感到不解，为什么从儿时起就一直熟知的太阳系"九大行星"概念如今要被重新定义，而冥王星又因何被"降级"？在学术界，也有许多科学家对这个结果提出质疑，这些质疑有道理吗？我们先看看这些质疑是怎么说的。

虽然此次共有来自 75 个国家的 2500 名天文学家参加了此次会议，但到会议的最后一天，许多与会者认为已经没有重要议程了，因此离开了会场。对行星命运进行审判的天文学家只有 424 位，这意味着在近万名成员中，只有不到 5% 的人投了票。因此有科学家说："这是站不住的，这是一场闹剧。"NASA 负责执行探索冥王星任务的"新视野号"探测器的主管艾伦·斯特恩表示："对

▲ 冷冷清清的会场，代表对决议草案进行举手表决

于这一结果，我为国际天文学联合会大会感到羞耻。只有不到全世界天文学家5%的人对这一严肃的问题投了票。"

布一（Buie）是一位美国天文学家，也是一名多产的小行星发现者。他对国际天文学联合会决议的看法是："通过的决议似乎是一个强大而有声音的少数派的结果，他们成功地让在场的人感到困惑，从而通过了决议。此外，投票验证科学真理或概念的有效性是错误的。我们在科学中发现的事实或真理来自对问题的思考，并通过科学的研究方法来达成共识。"

除了对行星和矮行星的定义提出质疑外，国外还举行多种形式的反对活动，有些还举行了抗议示威。

▲ 国际天文学联合会决议引起的抗议活动

冥王星的发现者汤博生前长期居住于新墨西哥州，该州众议院通过一项纪念汤博的议案，宣布冥王星在新墨西哥州的天空中永远属于行星行列，并将2007年3月13日定为冥王星日。伊利诺伊州参议院考虑到汤博出生于伊利诺伊州，在2009年通过了相似决议，该决议中宣称冥王星被国际天文学联合会"不公平地降为矮行星"。

美国方言学会于2006年第17届年度词汇投票上将"plutoed"选为年度词汇。"to pluto"意为将"某人或某事降级"。

 # 伟大的行星辩论

2008 年 8 月，顶尖的科学家和教育家齐聚美国马里兰州，探讨一个基本的，但有争议的问题：什么是行星。

"伟大的行星辩论"（The Great Planet Debate，GPD）会议为期两天（8 月 14 日至 15 日），讨论和辩论导致行星形成的过程以及用来定义和分类行星的特征和标准。在第三天（8 月 16 日）之后，一个教育家的研讨会提供了一个论坛，讨论如何利用行星辩论在课堂上引发科学探究。

行星科学研究所的马克·赛克斯博士和美国自然历史博物馆的尼尔·德格拉斯·泰森博士在 8 月 14 日下午 4：30 开始公开辩论。这场辩论由国家公共广播电台"科学星期五"节目的主持人艾拉·弗莱托主持。这场辩论对所有人都是免费的，会议收到 25 篇论文。

辩论过程是轻松而有趣的，很令人入迷。随着震耳欲聋的电子音乐声，两名辩手泰森和赛克斯以及主持人弗拉托走进礼堂，摄像机闪动，观众热烈鼓掌。

在开始阐述观点之前，主持人艾拉·弗拉托先公布了辩论规则。"不许在舞台上扔易腐物品或任何种类的导弹。"弗拉托笑着说。事实上，这场辩论充满了掌声、笑声和一些冷嘲热讽的言论，但主要是一场友好的较量。

到底有多少行星？

泰森说天文学家需要想出一个全新的词汇来把行星和类行星天体组合在一起。他还说，冥王星不像太阳系的其他八大行星，它属于开伯带，开伯带是海王星轨道以外的一个巨大区域。泰森说："我相信冥王星在那里会更快乐。"

赛克斯说，如果一个非恒星的物体质量足够大，可以绕着一颗恒星旋转，那么它就应该是一颗行星。根据这一定义，太阳系将有 13 颗行星，尽管将来可能在冥王星轨道之外发现更多。除了冥王星和其他八大行星之外，这些行星还包括谷神星、冥王星的卫星冥卫一、阋神星和最近发现的鸟神星。

为了回应赛克斯想把所有这些天体都称为"行星"，泰森回答说："你需要这个词。我的意思是，你想怎么定义它就怎么定义它，然后意识到它有多没用，

▲ 会议网站

然后再找一个术语来分类那些对行星科学家有用的具有类似性质的物体。"泰森宁愿不去辨别行星，也要把性质相似的物体放在一起，即使这意味着会有很多很多的行星。

这场辩论标志着冥王星传奇的又一篇章。冥王星的传奇始于1930年冥王星被发现之时，因为这个天体在其偏心轨道、小体积和低质量方面与太阳系的行星伙伴相比是一个古怪的天体。因此，一些人认为冥王星与太阳系其他行星不相匹配。2004年，随着塞德娜的发现，这一计划变得更加复杂。塞德娜大小是冥王星大小的四分之三，距离太阳的距离是冥王星的三倍。如果冥王星符合行星的构造，那么塞德娜也符合。加州理工学院的迈克·布朗在2005年宣布发现了2003年编号的UB313，它有可能是太阳系中的第十颗行星，这又给这个故事增加了一个转折。这个天体是圆的，绕着太阳转，它比我们当时的第九大行星冥王星还要大。2006年，UB313正式被命名为Eris（阋神星）。

"当阋神星出现时，冥王星的争议就激化了，因为你不能让事情保持原来的样子。"加州美国国家航空航天局艾姆斯研究中心的杰克·利索尔说，"说冥王星是一颗行星，而阋神星不是，你真的是在歪曲事实。"从那以后，国际天文学联合会将冥王星归类为"矮行星"，后来又归类为"类冥王星"。

应用物理实验室的哈尔·韦弗（Hal Weaver）将这场辩论称为"一场真正的科学会议，展示所有的问题并进行讨论"。但是利绍尔（Lissauer）指出，这次会议也有它的缺陷，不代表所有行星科学家。辩论没有达成共识，在这场辩论的最后，冥王星，对许多天文学家而言，仍然处于某种不确定的状态。

争论还在继续

　　国际天文学联合会 2006 年通过的行星定义在技术上存在缺陷，原因有几个。首先，它认为行星只是那些围绕我们的太阳运行的物体，而不是那些围绕其他恒星运行或在银河系自由运行的行星。其次，它需要区域清理，这是我们太阳系中任何行星都无法满足的，因为新的小天体不断被注入行星穿越轨道中，就像靠近地球的近地天体一样。最后，最严重的是，通过要求区域清除，天体需要的大小是与距离相关的，要求天体随着距离增加逐渐增大。例如，在开伯带，即使是地球大小的物体也无法清除其区域。

　　在 2017 年 3 月 20 日至 24 日举行的第 48 届月球和行星科学大会上，一些研究人员提出一种"地球物理定义"，它完全基于一个物体的内在特征，而不是它如何与其环境相互作用。他们提出以下地球物理学的定义供教育工作者、科学家、学生和公众使用：行星是一个从未发生过核聚变的亚恒星质量体，它有足够的自引力来呈现一个由三轴椭球体充分描述的球体形状，而不管其轨道参数如何。

　　对于这个行星定义，一个特别适合小学生的简单解释可能是：在太空中比恒星小的球形物体。

　　根据上述行星的定义，研究人员计算出太阳系中至少有 110 颗已知的行星。当然，110 颗比学生应该学习的要多，实际上他们没必要记住这些行星。相反，学生应该只了解一些（如 9 颗、12 颗或是 25 颗）有趣的行星。理解太阳系的自然组织比死记硬背要有用得多，也是最好的方法：离太阳最近的区域由岩石行星组成；中间地带由气态、岩石和冰态行星组成；第三个区域由冰冻的行星组成。

　　这个定义也有很大的争议。美国一位天体物理学家兼作家认为，宇宙天体的环境背景对于理解该天体的性质非常重要。简单的事实是，冥王星第一次被发现时就被错误地分类了，它从来没有和其他八个行星处于同样的地位。2006年国际天文学联合会的行动是修复这个错误的不完整尝试。而地球物理学的定

义是朝着相反的方向迈出的一步，它是朝着犯更大、更令人困惑的错误迈出的一步，这个定义对大多数使用它的人来说毫无意义。

加州理工学院的天文学家迈克·布朗对这个定义的看法是："哦，上帝，关于冥王星的愚蠢故事又回来了。是的，有人提议把冥王星重新变成行星。我要指出的是，这项提议将使月球成为一颗行星，这已经是 500 年前的事了。但是，好吧，让他们再伟大一次。"

在介绍了国外科学家关于冥王星降级的争论后，笔者也想谈谈自己的看法。

笔者认为，在处理这类重大科学问题上，应遵循两个原则：一是对传统文化基本观念的改变要慎重，没有颠覆性的科学发现，不要轻易改变；二是提出新的名词、新的规则要有利于科学的发展，要严谨，不容易产生歧义。

根据这两条原则，笔者认为：（1）应废除矮行星的概念，谷神星恢复为小行星，冥王星恢复为行星；（2）采用国际天文学联合会提出的"类冥王星"的概念，更广泛地采用"开伯带"天体的概念。

矮星的概念出自恒星科学领域，是指体积相对较小、亮度较低的恒星。在恒星演化的过程中，一些矮星与比之更大的恒星，最终命运有很大差别。这个概念在恒星世界用得很广泛。但是，如果把矮星的概念引入到行星科学领域，不仅没有对行星科学研究带来好处，相反却是添乱。例如，描述行星的英文词有 planet, small planet, asteroid, dwarf planet。根据国际天文学联合会的定义，dwarf planet 应该属于中等大小的行星。关于描述小行星的词已经够多的了，没必要再引入新名词。最重要的一点是，谷神星与冥王星分别位于太阳系的不同区域，物理特性相差很大，把这两颗物理上没有多少共性的天体放在同一个类型中研究，不可能给研究的工作带来推动力。在汉语中，小和矮有相同意思，但用于事物的不同角度。我们可以称幼儿园的孩子为小朋友，但如果你叫他们为"矮朋友"，孩子们肯定不高兴。

近些年来，行星科学研究的重要发现之一是在开伯带发现了许多新天体，而且大小与冥王星接近。这类天体与冥王星类似，都属于冰冻天体。把这类天体放在一种类型中进行研究是有利于行星科学发展的。从另一方面来说，正是这些新天体的发现，导致了行星定义的诞生和冥王星的降级。阋神星与冥王星地位之争给天文学界带来这么大的混乱不应该，也不值得。它们本来都位于太